經營顧問叢書 244

經營智慧

張宏寶　編著

憲業企管顧問有限公司　　發行

《經營智慧》

序言

本書是專門爲經營者而撰寫的經營智慧技巧。大凡卓有成就的經營者無不具有超凡脫俗的領導智慧，領導智慧是見微知著的眼光，是對大局的把握和操縱，是勇於決策的膽略，是舉重若輕、化繁爲簡的手段和技巧。豐富、修練領導智慧是提高領導水準的捷徑。

中國 2000 多年高度發達的封建體制，造就出許多傑出的領導者。在中國封建歷史的各個時期，這些經營者以其各具特色的領導智慧解決了複雜難題，促進了社會的進步，改變了歷史的走向。這些領導智慧經過歷史的沉澱和發酵之後，形成了一個容量龐大、精彩紛呈的領導智慧寶庫。從中汲取營養精華，既是當代經營者的幸運，也是儘快提高領導層次的必由之路。

我們從中國古代的歷史典籍中披沙揀金，擷取領導智慧的精華，秉承實用爲本的原則，通俗、可讀性強的風格，希望能給各個領域經營者以有益的啓示和實際的幫助。

《經營智慧》

目錄

1 有天下先行的創新精神

世界上第一個敢做的人是英雄，這並非聳人聽聞之言。就拿現在人們奉爲美食的番茄來說，人們敢於食用也不過是近幾百年的事，在此之前漫長的歷史中，人們坐視鮮紅的番茄自生自爛而棄之不食。

就拿作戰來說，漢朝的作戰方法到明清時期依然未變，軍人們對抗的戰場上仍然看不到從改進手段入手尋求制勝的道路。

在這種氣氛下，要想在軍事觀念上有大的變革當然是很難的，但個別有識之士，從改進兵器入手，敢爲天下先，在謀略對抗的主流中躍出一股注重從改進技術手段以求勝的潛流。這種走前人沒有走過的道路的闖勁，無疑應當納入統御謀略之中。

在改進兵器方面走出一大步的是南宋名將陳規研製使用火槍。作爲南宋鎮撫使陳規，不僅研究謀略戰法，更重要的是重視兵器研究，要從技術入手，提高作戰效率。

北宋初年，古代火器初次使用於戰場，標誌熱兵器和冷兵器並用時代的開始，他在前人研製的「火箭」、「火球」、「火蒺藜」基礎上，製造出火槍，並在 1132 年以此種武器給敵人以重創。這是一種以竹杆爲筒，內裝火藥，臨時點燃，噴射火焰，靠這種「火槍」焚毀了敵軍攻城的裝備「天橋」，敵人被迫退兵。據說，這是世界戰爭史上第一次使用管形噴火器，比歐洲 1915 年使用的金屬噴火器早 783 年。

曾遠征中亞的一代天驕成吉思汗之所以能所向無敵，就在於他依據遊牧民族善騎馬的特點，創建了世界第一流的騎兵部隊，而且還創建了炮兵，提出了「攻城用炮」的理論，在滅金、攻宋和西征中發揮了巨大的威力。他的孫子忽必烈繼承和發展了攻城用炮的思想，從西域請來炮匠，製造回回炮，使用此炮，「機發，聲震天地，所擊無不摧陷，入地七尺」，戰鬥大勝，故又稱此炮爲「襄陽炮」。

之後忽必烈不滿足已有的成就，大批徵調炮匠研製新炮。僅 1279 年就從兩淮徵調炮匠 600 多人，1284 年從江南選調 11 萬匠戶到都城製造新大炮。到 1287 年，元朝火炮技術出現突破，一種利用火藥在金屬管內燃燒產生氣體壓力，把彈丸發射出去的金屬管形火炮出現於戰場。比西方同類型火炮要早 50 年以上。

明末名將袁崇煥之所以成爲清初統治者的「眼中釘」，不僅是因爲他有高超的謀略，同時還因爲他敢於使用先進兵器。明朝後期，富有遠見的火器製造專家徐光啓、李之藻等人，引進了一批西洋大炮。這種炮射程遠、威力大，但這種炮比較笨重，並且操作技術比較複雜，使用不當常有自傷的危險。所以，當時很多將領不願意使用此種大炮，甚至當作廢物丟棄一旁，讓其自行銹蝕，作戰仍使用以往的冷兵器。而鎮守山海關外重鎮寧遠的大將軍袁崇煥卻看到這種火炮的作用，視此物爲寶，親自聘請專家來訓練炮手，培養出一批精通炮術的專業兵種，並根據火炮性能修築炮位，制訂了「憑堅城用火炮」的積極防禦方針，以對付精於騎射、善長野戰的努爾哈赤後金軍。

西元 1626 年正月，袁崇煥率領寧遠城軍民，用 11 門大炮一舉殺傷來犯的八旗勁旅 17000 人。自稱用兵 40 年，不曾敗績的努爾哈赤也在攻城中被炮火擊中負重傷，敗退盛京後歎道：「朕用兵以來，未有抗顏行者。袁崇煥何人，乃能爾耶！」不久，即死去。第二年五月，剛取得汗位的皇太極爲報父仇，親率大軍攻錦州、寧遠，戰役相持一月有餘，袁崇煥憑堅城利炮，與皇太極大戰 3 次，小戰 25 次，無日不戰。後金軍又傷亡慘重，皇太極又敗回盛京，無奈道：「昔皇考太祖攻寧遠，不克；今我攻錦州，又未克……真何以張我國威耶。」袁崇煥敢爲天下先，使用新兵器用出了名堂。

清朝康熙帝也是一個不墨守成規的實幹家，他重視科學技術在軍事上的應用。1674 年，吳三桂發動三藩之亂，20 歲的康熙帝聽說浙江錢塘人戴梓會自製火器，能擊百步之遠，便命康親王傑書禮聘戴梓從軍。康熙帝親自召見戴梓，知其才識過人，留其在京師，督造他發明的「連珠火銃」。這是一種連發槍，可貯存 28 發彈丸，有兩個扳機，可交替扣動，連續射擊，射程達百步以外。這種武器在清軍平定三藩之中曾大顯威風，在槍械發展史，改單發爲連發這一技術上也起了開先河作用。

1687 年，康熙帝爲準備鎮壓噶爾丹叛亂，命戴梓監造「子母炮」，八天即成。康熙親臨試驗場觀看試炮。此種大炮，子在母腹，母送子出，從天而降，層層碎裂，銳不可當。康熙帝大爲高興，封此炮爲「威遠將軍」，並命人把戴梓的職名鐫刻在炮身上，以表彰其功績。

1690 年康熙把這種炮成功地用於戰鬥上，八月間清軍同噶爾丹軍在烏蘭布相遇，只見噶爾丹將萬餘橐駝，盡縛足臥地，背如箱垛，蒙蓋濕氈，圍成一週，叫作「駝城」。噶爾丹統軍於內，欲與清軍決戰，清軍則隔河立陣，施放火炮，「威遠將軍」型火炮大發神威，從午到晚連續不斷轟擊，駝皆倒斃，駝城中斷，清軍兩路進擊，消滅噶爾丹大部份主力。

然而，在中國歷史上具有創新思想的人，畢竟只是鳳毛麟角，屈指可數，整個的社會氣氛仍然是固守老祖宗之法，對這些新玩意根本不屑一顧。科學技術一直被知識界視爲雕蟲小技，雖然中國最早發明了火藥，有了火炮、「連發槍」，但那都是手工業的產物，從未納入到工業大批生產的軌道。之後，隨封建王朝的腐敗連這點手工業生產也幾乎蕩然無存了。於是，鴉片戰爭後，當外國侵略者用洋槍洋炮轟開中國閉關鎖國的大門以後，清朝軍隊中仍有不少人視這種火槍火炮爲「邪物」，竟提出「以雞血狗屎破之」等可笑可悲之主張。

領導智慧不僅要統人，還要治事，不僅要研究如何在現有條件下運用計謀贏得一次對抗，更要研究怎樣不斷追求力量的增長。

2 事不躬親是領導藝術

關於領導方法，《呂氏春秋・察賢》提出兩個方法：宓子賤和巫馬期先後治理單父，宓子賤治理時，每天在堂上靜坐彈琴，沒見他做什麼，把單父就治理得相當不錯。巫馬期則披星戴月，早出晚歸，晝夜不閑，親自處理各種政務。單父也治理得不錯。兩個人兩種治法，一則事不躬親，一則事必躬親。

兩種方法誰優誰劣，古人也有評論：事不躬親是「古之善爲君者」之法，它「勞於論人，而佚於官事」，是「得其經也」；事必躬親是「不能爲君者」之法，它「傷形費神，愁心勞耳目」，是「不知要故也」。前者是使用人才，任人而治；後者是使用力氣，任力而治。使用人才，當然可逸四肢、全耳目、平心氣，而百官以治；使用力氣則不然，弊生事情，勞手足，煩教詔，必然辛苦。

古人的這套說法今天仍有意義，其道理仍沒過時。凡有上級與下級，用人者與被用者關係存在的地方，就有領導與被領導、統御與被統御的關係，作爲經營者就要有效地實施「事不躬親」的領導藝術。

首先，經營者要弄明白：事不躬親不是放手不管，而是拱手讓權。明代萬曆皇帝朱翊鈞就是拱手讓權，他在位 48 年，親政 38 年，竟有 25 年時間躲在深宮之內不見外人的面，完全不理國事，連內閣首輔也見不到他，不知在幹什麼。他這不是事不躬親，而是放棄「領導」的責任，任屬下胡來，這是走極端的一種表現。

另一位明朝皇帝熹宗朱由校，終日在自己的嗜好上下功夫，要當一個優秀的木工和漆匠，沉浸在蓋房子、造傢俱、塗油漆之中，「不厭倦也」，達到「自操斧鋸鑿削，即巧工也不能及也」的水準，這更不是一個統御者所爲。

其次，經營者要抓綱舉目，要緊抓大事：治國安民之策是國家最高統御者的大事；制定軍事戰略方針、作戰計劃是軍事統帥的大事；企業的發展規模、產品的品質種類發展遠景是企業家的大事。對不同經營者只有抓住這不同的大事，才能做到綱舉目張。

「兵聖」孫武就提出過：身爲高級指揮官的人，切不可身必躬親於細節問題的干預。他自己的作風是在靜悄悄的氣氛中「踱方步」，消磨很長時間於重大問題的深思熟慮方面。他感到，在激戰進行中的指揮官，一定要隨時冷靜思考，怎樣才能擊敗敵人。假如他太過於斤斤計較細節問題，必將會「貽明足以察秋毫之末，而不見輿薪之譏」。對於真正有關戰局的要務，將會視而不見。對於影響戰局不大的末節瑣事，反倒事必躬親。這樣本末倒置的作風，必將使幕僚們無所適從，進退失據。

經營者的小故事

只想不做

有隻公羊對它臥室裏的糊牆紙越看越喜愛，它注視著那張紙很久，視線也不離開。有一次它自言自語地說：「看上面的草是多麼的整齊，又有些鮮嫩的味道，真叫我眼饞。」

「我親愛的，」公羊的妻子說：「你在床上待的時間太長了，到外面活動一下身子骨吧！吃一些青草。」

「不要那麼著急嗎，我一會就去。」過了一段時間，它們終於來到了臥室外。

公羊的妻子說：「這裏是最好的青草了，長得多麼茂盛。」

公羊大叫道：「這裏的草長得這麼參差不齊，淩亂不堪，看上去一點鮮嫩感都沒有，這叫我怎麼吃呢？」

公羊非常生氣地又蹦又跳地回到自己的臥室。可是當它一看到糊牆紙時，就高興得把剛才的一切都忘了。

公羊歎道：「我什麼時候才能有這樣一片青草啊！能讓我吃到一次我就心滿意足了。」

從此之後，公羊很少離開那張床，它一直躺在那裏朝著牆壁微笑，最後直到慢慢地脫毛。

管理心得：如果一個經營者每天只是想而不是去做，也不激勵自己的團隊，最終就會落得公羊的下場。

3 做大事就要下大決心排除一切阻力

改革弊政、變法維新是歷朝歷代都不能不面對的問題，因爲太平已久之日，必是積弊叢生之時。這也正是有洞察時勢眼光、有強烈的歷史責任感、有政治魄力的經營者大展身手的好機會。同時也必須看到，改革是任何一個朝代、一個國家都不敢輕易而爲的事情，因爲稍有差錯就可能釀成大亂，所以，來自保守一方的阻力之大也是可以想見的。

北宋改革家王安石在這個問題上的態度是：排除一切阻力，不達目的誓不甘休。

王安石出於憂國憂民之心，深刻地認識到積弊之深，非改革不可，而官制應是改革的突破口。王安石就懷著這樣的一些想法，於嘉祐三年的初秋，奉詔回到朝中，任三司度支判官，主要負責國家財政的管理。這樣，建議實行改革，挽救國家財政危機，正是他分內的事。次年，他便向仁宗皇帝上了一封洋洋萬言的《言事書》，全面闡述了他的改革思想和主張。

在《言事書》裏，王安石首先指出，北宋中期階級矛盾和民族矛盾是最大的社會問題，即內則不能不以社稷爲憂，外則不能不懼遼夏。天下的財力日益困窮，風俗日益衰壞。四方有志之士，都擔心國家能否長治久安。他以漢唐兩代覆亡事例作爲前車之鑑，向仁宗發出警告，要想解決宋朝面臨的危機，必須改弦更張，實行改革；其次要整頓吏治，培養人才。要淘汰那些因循苟且、庸腐貪鄙之徒，培養和選拔一大批賢才，來變更天下之弊法；第三，提出了他的理財方針。王安石認爲，國家財政困難，是因爲理財未得其道，應發動天下所有的勞動力去開發天下的財富，保證國家有充足的稅收來源。只要採取這種方法開發天下財源，就能解決國家財政問題。

治平四年，宋英宗死，神宗趙頊即位。年僅 20 歲的神宗已看出宋朝衰敗的跡象，很想有一番作爲，立志革除積弊，振興祖業。爲此，他留心物色有志之士，很快發現王安石有見地，有才能，政治主張很有特色，正符合自己改革的需要。

原來神宗即位之前，每當老師韓維給他講書，提出一些精闢見解受到稱讚的時候，韓維總是說:「這不是我的看法，而是我的朋友王安石的意見。」隨著神宗年齡的增長和對國家大事的日益關注，也隨著朝野對王安石的呼聲不斷高漲，神宗在即位之前對王安石就慕名已久了。後來，韓維升官，就推薦王安石接替他的職務。同時，老宰相曾公亮也極力推薦過王安石，說他是真正的相才。當神宗見到王安石的時候，發現他果然不同凡響，非常高興。因此，即位後不到八個月，就召王安石爲翰林學士。

熙寧元年四月，王安石回到京師開封，來到神宗的身邊，開始爲他籌劃治國之策。

王安石寫了一個《本朝百年無事劄子》呈上，向神宗建議改革，實行變法。翌年二月，神宗任命王安石爲參知政事(副宰相），主持變法。

滿懷改革激情的王安石，一到任上就心涼了半截。原來中書省的主要官員除他生氣蓬勃外，宰相曾公亮已逾古稀之年；宰相富弼稱病求退；另外兩個副宰相唐介、趙抃都不贊成變法，前一個不久病死，後一個叫苦不休。當時人們譏諷地說：「王、曾、富、唐、趙，生、老、病、死、苦。」王安石清楚地意識到，要靠這班人領導一場艱巨的改革，是決不可能的。於是他奏請神宗，成立了一個推行新法的權力機構——制置三司條例司，毫不留情地罷黜了一批昏庸腐朽的官僚，選拔了一批能開拓前進的年輕官員，主要有真州推官呂惠卿和大名推官蘇轍，王安石委任他倆爲新機構中的「檢詳文字」官，負責草擬新法。

變法機構成立後，王安石和機構中的成員們，圍繞理財整軍、富國強兵這個總原則，全力以赴，迅速地把改革推向前進。「三司條例司」是熙寧二年二月設立的，一個月後就派出人馬進行調查研究，到七月就在淮、浙、江、湖六路，頒行了均輸法；九月初，又發佈了青苗法。這是其改革初期的兩項措施。

均輸法：這是北宋商品經濟發展的產物。宋自開國以來，汴京的物資供應就靠汴水從東南六路調運。在運輸過程中，弊病很多，調運的物品豐年、歉年一樣多，豐年不能多收，而歉年也不能少調，有些物品在京師並不需要，也要調運，造成不必要的浪費。該法對此弊病進行改革，規定：中央在這六路設發運使官，付給收購物資的本錢，讓他們瞭解京師府庫狀況及所需的物品，本著「買賤不買貴，買近不買遠」的原則，徵集、收購京師所需物資。這種方法既節省開支，又防止富商大賈囤積居奇，操縱物價，同時也減輕了人民的一些負擔。

青苗法：每年青黃不接時，農民常以田中青苗作抵押，向地主、大商人借貸，利息常常高達 100%。這是「下戶」農民破產的主要原因之一。根據這種情況，王安石採取以國家放債的辦法來對付私人高利放債。借貸的數額，一等戶不得超過 15 貫，二等戶不得超過 10 貫，三等戶不得超過 6 貫，四等戶不得超過 3 貫，五等戶不得超過 1.5 貫。每年分兩期借貸，春貸夏收，秋貸冬收，半年利息爲 2 分。如遇災年，可延期歸還。爲了防止政府損失本錢，借錢的民戶要 5 戶或 10 戶結爲一保，按等借貸。青苗法先在河北、京東、淮南一帶試行，而後推行於全國。此法曾起到了一些抑制高利貸盤剝農民的作用，但遠遠不能滿足借貸者的需要，使高利貸者仍有活動的餘地。

很明顯，均輸法和青苗法的頒佈，有利於減輕一些農民的負擔，有利於增加國家的稅收，看來這是好事，支持者應當大有人在。然而，事實卻不然。「兩法」一頒佈，就像兩塊巨石投入湖水中立即掀起軒然大波，上至朝廷重臣，下至地方小吏，許多人群起而攻之。范仲淹的兒子范純仁說，均輸法漁奪商人毫末之利；開封府推官蘇軾揮毫上疏，極言青苗法虧官害民；翰林學士范鎮說新法弄得天鳴地裂，建議神宗觀天地之變，罷青苗之舉；德高望重的翰林學士司馬光反對尤爲激烈，他說新法推行後，中外鼎沸，皆以爲不便；就連王安石親手提拔到變法領導機關的蘇轍也認爲均輸法破壞了朝廷規矩，法術不正。

挑剔、懷疑、指責、誹謗乃至拆臺，無所不至，這些都在王安石的預料之中，他有充分的思想準備，不僅沒有被流言蜚語所嚇倒，反而意志更堅，在那風風雨雨的日子裏，他揮筆寫下了著名的《眾人》詩：

眾人紛紛何足競，是非吾喜非吾病。

頌聲交作莽豈賢？四國流言旦猶聖。

面對反對派的圍攻，他通過對歷史事實的分析，以清醒實際的態度對待頌聲和流言，對自己所進行的事業滿懷信心，以挑戰的姿態發出了「眾人紛紛何足競」的吶喊，表現出一個改革家應有的雄渾氣魄和一往無前的奮鬥精神！

同時，爲掃除前進路上的思想障礙，他對反對派的一些主要觀點一一予以駁斥。

反對派說王安石口頭上講孔丘、周公的儒學，實際上是崇尙管仲、商鞅的法制主張。這一點很厲害，很有煽動性。因爲自漢代董仲舒提出「罷黜百家，獨尊儒術」後，孔丘被奉若神明，他的學說已成爲地主階級的經典，誰越雷池一步，誰就要倒楣，就要遭到口誅筆伐。對此，王安石是清楚的。但爲了改革，爲了使朝野上下有一個統一的認識，不能廻避矛盾，必須公開亮出他崇尙商鞅的旗幟。爲此，他專門寫了一篇《商鞅詩》：

自古驅民在信誠，一言爲重百金輕。

今人未可非商鞅，商鞅能令政必行。

王安石開誠佈公地充分肯定商鞅的政治主張，是對反對派攻擊進行針鋒相對的正面迎戰，倒使反對派再無力妄加非議。

司馬光一連給王安石寫了三封信，以關心、規勸爲名，攻擊王安石，反覆敦勸王安石停止變法。王安石簡明扼要地回了司馬光一封信，這就是著名的《答司馬諫議書》，對司馬光給新法羅列的罪狀逐一加以反駁。他說：「我認爲從皇帝那裏接受命令，議訂法令制度，經過朝廷討論修正，再交給負責的官員去執行，這不算侵官；替國家理財，增加收入，不算徵利；駁斥錯誤的言論，揭露巧言善辯的壞人，不算拒諫。」「至於怨誹之多，早就在我的預料之中，人們苟且偷生不是一天了，士大夫多半不顧念國事，以附和世俗、討好眾人爲善。當今皇帝要除此弊端，我就不能考慮反對者多少，要出力幫助皇帝來抵抗，世俗之眾那能不氣勢洶洶地誹謗呢？」

正當王安石以大無畏的精神排除阻力，大刀闊斧地推行新法之際，不料本來一心要變法的神宗卻在一派反對聲中動搖了。這是王安石所始料不及的，也是他最擔心的。因爲他清楚地知道，所以能變法關鍵是神宗的支持，若神宗不支持，改革就有夭折的危險。因此，神宗的動搖使他十分不安。爲消除神宗的疑慮，堅定神宗的改革信心，他針對反對派的觀點和神宗的疑點，多次面見神宗，反覆陳述自己的改革主張。

一天，他對神宗說：「辦任何一件事，沒有不遭到別人議論的。有議論就放棄，天下還有何事可爲？」

此話對神宗觸動很大，便說出了自己的疑惑。他問王安石：「你聽說過『三不足』這種說法沒有？」

王安石回答道：「沒聽說過。」

神宗說：「外面人談論，現今朝廷以天變不足懼，人言不足恤、祖宗之法不足守，這是何理？」

王安石回答道：「陛下躬親政事，沒有流連享樂、荒亡之行，事事惟恐傷民，這豈不是畏天變；陛下詢納人言，無論大小都善於聽從，豈是不恤人言？然而人言確有不足恤者，如果行事合於義理，別人的誹言，有何值得顧忌呢？因此說人言不足恤，並非錯誤。至於祖宗之法不足守，本來就應當如此。仁宗在位四十年，數次修訂法律。如果法一定，子孫就世世遵守，祖宗還爲什麼屢次改變它呢？」

爲了克服阻力，保證新法全面推行，王安石採取了更加堅決的措施，進行組織上的大規模調查。他把反對變法的主要人物孫覺、呂公著、趙抃、程顥、李常等相繼罷出朝廷，只有反對派的旗手司馬光因爲聲望極高，神宗也很器重，所以奈何他不得。但司馬光見神宗不聽從他罷除新法的意見，便自己要求離開朝廷，出外當地方官，於熙寧三年九月出知永興軍，次年，退居洛陽，潛心著書立說，閉口不談政事。

朝中幾乎完全成了變法派的天下。王安石薦用了沈括、曾布、章惇、呂嘉問等一批銳意改革的新人，分掌要職。熙寧三年十二月，神宗擢升王安石與韓絳任同中書門下平章事，也就是宰相。至此，他大權在握，有力地將變法推向前進。

自熙寧三年至熙寧七年，一場改革的颶風席捲整個中華大地，一項項新法相繼頒佈實施。歸納起來，全部新法的內容大致可以分爲三大部份：理財以富國；整軍以強兵；改革教育及科舉制度以提高統治集團的整體素質。

關於理財方面，王安石認爲理財要圍繞農業生產來進行。王安石的基本思路是減輕老百姓的負擔，最大限度地發揮他們從事農業生產的積極性，他全部政策的目的在於除去老百姓的疾苦，抑制土地兼併。這些政策除了均輸法、青苗法，還包括：

農田水利法。發展農業生產是增加社會財富的根本保證。熙寧二年十一月頒佈該法，鼓勵農民開墾荒地，修理廢田，並採取獎勵措施，新開荒地五年內不納稅。在水利工程建設中，農民要按等出工出料，如果工程浩大，民力不足的，可依照青苗法向官府借貸錢穀。私人籌資興修水利，可按功效給予獎勵。在官民結合共同努力下，該法取得了顯著成效，長期廢棄的古陂、廢堰修復了，還興修水利1萬多處，可灌溉民田36萬多公頃。這是變法中真正於民有利而取得較大業績的一項新法。

免役法。在此之前，宋的差役十分沉重，如衙前由鄉村第一、二等戶輪充，主管州縣府庫、糧廩、官物貢品運送及一切後勤事務；壯丁由三、四、五等戶輪充，沒有餉銀。免役法規定：廢除前法，改爲由州縣出錢僱役的辦法。州縣預計所需僱役費用，按戶等徵收，然後用這筆錢來招募願意執役的人戶充役，這實際上是出錢免役。這種方法，相對減輕了部份農民的負擔，還使國家獲得大筆僱役剩餘錢。

方田均稅法。北宋開國以來，沒有田制，土地兼併日益嚴重，一些富戶隱瞞田產，造成田稅不均，嚴重影響了政府的財政收入。所謂「方田」就是重新丈量土地，以千步見方的土地作爲丈量的單位。每年9月至來年3月，由縣令負責丈量。「均稅」，就是把重新丈量好的土地，根據土質好壞定成等級，依等級高低及土地多少納稅。結果丈量出許多隱漏田產，使以前「有戶無稅」的現象得到一些糾正。

市易法。爲保護中小商販利益，穩定市場物價，進一步限制大地主、大商人操縱市場，牟取暴利，規定由政府在京師設立市易務機構，拿出大量流動資金，收購貨物，並貸款和賒購貨物給商人，年息 2 分，以此活躍市場經濟，便利商品供應，防止大商人在商品流通中壟斷經濟。

除了以上這些以「富國」為目的的理財新法外，為了加強宋朝的軍事力量，最終有效地抗擊遼朝和西夏的不斷侵犯，鎮壓農民的反抗，振興宋王朝的國威，王安石還頒行了保甲法、保馬法、將兵法、設軍器監等以「強兵」為目的的新法。主要內容是用民兵制代替募兵制，把軍隊從 100 餘萬人減到 80 萬人，裁減 50 歲以上的老弱兵士，目的是既精簡兵員，節省巨額軍費，又加強了軍隊的戰鬥力。

從以上的措施可以看到，新法的涉及面是非常廣泛的，但王安石也清楚地意識到，新法再好，如果沒有一批精明強幹的人才去推行，而靠著那些平庸之輩也是徒勞的。因此，他在經濟、軍事上實行變法的同時，非常注意封建統治階級人才的培養，並為此進行了教育科舉方面的改革。

熙寧四年二月，朝廷頒佈了對科舉制度的改革方案。即廢除了專考死記硬背經文的明經科，只設進士科。在考試的內容上也進行了改革，舉人不再考詩、賦、帖經、墨義，主要考傳統的儒家經典，但不必死記硬背，只要通曉大義即可。另外增加「論」和「時務策」等，加強了科舉考試的實用性。王安石還整頓太學，建立獎懲制度。對州縣選送到太學的生員，擇優晉級，寬進嚴出。初入學的為外舍生，不限名額，一年後考試合格；品行端正的升為內舍生，名額 200 名；內舍生學習一年後，再經考試考核，升為上舍生，名額 100 人；上舍生成績優秀的，不經科舉考試，可直接授予官職。

在學校專業設立上，增加了新的內容：有武學（軍事學校）、律學、醫學等。王安石還把《詩》、《書》、《周禮》加以詮釋，撰著成《三經通義》，作爲學生的必讀教材和科舉考試的內容。王安石通過對科舉和學校的改革，羅織了一批年富力強，並有革新思想的人才，對新法的推行起了促進作用。

各項新法頒行之後，不同程度地收到了成效。最明顯的是限制和削弱了大地主、大商人兼併土地和高利貸盤剝等權利，使得中下層地主在政治上、經濟上獲得一些利益。特別是所採取的農業措施，對改進農業經營，促進生產力的發展起了一定作用。因而出現了「中外府庫無不充衍，小邑所積錢米亦不減二十萬」的興盛局面。王安石變法的結局並不圓滿，但是作爲一位具有遠見卓識的經營者，他超越了那個時代，並以一己之力向強大的保守力量發出了挑戰。可以說，王安石以他自己的方式闡釋了「強進」這一領導智慧的內涵。

心得欄 --

----

4 不怕改正錯誤

經營者千萬別把自己當成聖人，其實聖人也會犯錯誤。事實上，歷朝歷代的皇帝犯的錯誤還少嗎？不然怎麼有明君和昏君之分呢？失誤的決策造成的後果會很嚴重，且官位愈高後果愈甚。與其品嘗這種惡果的滋味，不如老老實實地改正錯誤，經營者的形象只會因此變得更加高大。

秦王嬴政親政後不久，做過一件非常糊塗的事情，就是下達了一道違反秦國傳統做法和其本人執政方針的命令——「逐客令」，欲將六國在秦任職的客卿全部趕走。不過，在李斯的勸諫下，秦王嬴政最終撤銷了此命令，沒有對操縱各諸侯國的統一大業造成危害。是什麼原因使得嬴政一反常態，改變了秦國長期奉行的人才引進政策而下達這項命令呢？原來是東方國家對秦國施行反間計的結果。

戰國七雄中韓國實力最爲弱小，又緊鄰秦國，是秦國進行統一戰爭的首選目標。韓國國君安實在不願意輕易將祖宗傳下來的「錦繡江山」拱手讓人，於是便把當時著名的水利專家鄭國找來，讓他肩負間諜的使命西入秦國，遊說秦王興修水利，企圖以此消耗秦的國力，轉移秦國的注意力，改變韓國行將滅亡的命運。

嬴政十年，嬴政親政第二年，鄭國來到秦國，欲替垂死的韓國盡一點力量。在政治上已經穩固住自己地位的嬴政正想爲秦國的經濟發展做些事情，聽了鄭國的計劃，覺得對秦國有利，於是立即徵發百姓，由鄭國主持在關中東部興修一條引涇水東注洛河的水渠。

鄭國主持修建的這條水渠，計劃全長 300 多公里，建成後可以溉田四萬多頃，工程浩大，確實會佔用秦國不少人力、物力，但關中河道則可以改造得更加合理，水渠建成後遍佈關中的鹹鹵地將會變成良田耕地，所以秦王嬴政即便識破韓王安的計謀，他所做出的這項決策也沒有錯。這項決定也符合秦國一慣的重農政策。

只是韓王安低估了秦國的綜合實力。儘管秦國投入了大量的人力、物力興修這條水渠，但是絲毫也沒有影響秦軍的東攻計劃。而且，當時在秦國興修的大規模土木工程並不止此一項，譬如秦王嬴政的陵墓就在修建中，這項規模巨大的工程一直到秦始皇死時都沒有完成，它常年用工在十幾萬甚至更多。

俗話說「夜長夢多」，最後，韓王安的陰謀終於讓嬴政發現了，不善制怒的嬴政暴跳如雷，立即命人將鄭國抓來，要問刑處死。嬴政氣得發昏，朝中一幫長期不受重用的宗室大臣們覺察出這是一個難得重秉朝政的好機會。因爲，長期以來，秦國一直堅持「客卿」政策——至少欲有所作爲的秦國君主都施行此政策——重用東方有才之士，或委以重任高位，或任爲客卿隨時諮問，宗室貴族在政治上都沒有過高的地位，本國官吏若無大才也只能充任一般職務，掌不了大權。這項制度是秦國自商鞅變法以後長期保持勃勃生機的重要原因，也是秦國最終統一六國的政治保證之一。

看到秦王怒氣衝天，宗室大臣們乘機進言，稱:「各諸侯國來秦國謀事的人，大抵都是為了他們各自的君主而遊說秦國、做間諜的，請您務必將他們全部驅逐出境。」年輕氣盛的嬴政犯了急躁的毛病，沒有冷靜地思考，便糊裏糊塗地接受了這個建議，立即下達了「逐客令」。

李斯的名字被列在驅逐的名單之中。李斯是楚國上蔡人，曾追隨當時著名的思想家荀子學習「帝王之術」，與韓非同窗，學成以後西入秦國欲施展一番抱負。他因建議對東方六國施用反間計，拉攏了不少各國名士，受到秦王嬴政的賞識，被拜為客卿。「逐客令」一下，秦兵立即堵在各賓客的家門口，不許申訴，押送他們即刻離都。在被秦兵押解出境的途中，李斯乘隙寫成一部勸諫書，並設法請人送入宮中，向秦王進諫。

秦王嬴政讀過李斯的上書，馬上明白自己錯了，他趕忙下令收回「逐客令」，並派人從速追回李斯，讓他官復原職。

嬴政這種知錯就改、見賢求教的特點，是其成為中國最傑出「英雄」人物之一的基礎，也是他操縱能力的重要表現。實際上，秦始皇嬴政的殘暴只施加於兩種人之身：一是百姓，也就是依法家理論根本不用關心、考慮的小人；二是他所憤恨的人，如嫪毐、行騙的方士，還有敵人等。而於他所敬重的人或對其有用的人，則只有威嚴，不施暴行，所以對茅焦、李斯、尉繚、王翦等，儘管他們多有「不恭」之辭或舉動，但嬴政從未想過要加害於他們，甚至連罷官免職的事情也沒有，相反，始終重用不疑。

這就是嬴政與眾不同之處，後世帝王能做到這一點的幾乎沒有，包括唐皇李世民，對魏徵不是時有微辭，就是動輒要殺他的頭。依嬴政的性格特點看，能做到這一點是十分不容易的。嬴政的這一性格特點，是他比同時代的諸侯國君主更具威力的原因之一。現在，李斯在秦王的腦海中再也抹不掉了。秦王為自己的秦國又有了一個不可多得的人才而興奮不已，也為自己因一時之氣而險些將秦國推入不測之地而深感後怕。因此，秦王對李斯言聽計從。李斯則平步青雲，很快官至廷尉，執掌刑獄，並且在秦朝建立後不久升任為丞相。

「逐客令」撤銷了，而對於那個險些使秦王鑄成大錯的韓國水利專家鄭國，秦王嬴政仍不依不饒，非欲處死以洩其恨不可。幸好，鄭國也是一個善辯之徒，他對秦王說：此渠修成後，對秦國具有萬世之利，關中許多不毛之地將辟為沃野。已經頭腦冷靜的秦王一聽，覺得有理，於是不再加罪，命令鄭國繼續主持工程。經過數年的艱辛，水渠終於建成，從此關中瘠薄之地變成膏腴良田，災荒減少，秦國的經濟實力進一步提高，直至最終平滅東方六國。

秦始皇在歷史上給我們的印象是粗暴、殘忍、獨斷，但他也有著十分可貴的一面。就像撤銷「逐客令」一樣，一旦認識到自己錯了他絕不扭扭捏捏，而是雷厲風行地改正。這是決策者一種高度自信的表現，對於能夠改正錯誤的經營者，人們從來不吝讚美之辭，因為那些身處高位的經營者能退而改過，實在是領導智慧戰勝統馭者自尊的一種體現。

5 經營者要有破釜沉舟的膽略

有了破釜沉舟的膽略，智計的妙用便能發揮到極致，而有時，膽略本身也成了智謀的有機成分。

釜是古時候燒飯用的大鍋。把飯鍋打破，把渡船鑿沉，比喻下決心幹到底。

破釜沉舟是人們在危難面前使用的一種極端的應變策略。其極端之處在於，它用置自身於死地的方法，來激勵士氣，團結奮鬥，共同求生。這種「陷之死地而後生」的方法，對於既定目標的實現，往往起到極大的動力作用。

在中國古代軍事史上，運用破釜沉舟最出色的是項羽與秦軍的河北之戰。秦末，各地紛紛舉兵反秦，項羽和他的叔父項梁也在其列。項梁率領大軍和項羽等人在山東、河南一帶，連續擊敗秦軍，打了好幾個勝仗。可是，定陶一戰，秦將章邯卻將楚軍打得大敗，項梁也在此戰役中戰死。章邯擊敗楚軍後，便渡過黃河北攻趙地。楚王命宋義爲上將軍、項羽爲次將軍，率領楚軍前去救趙。楚軍開到安陽，停留不進，直等了 46 天。項羽忍耐不住，催宋義快快渡河，同趙軍裏應外合，打垮秦軍。宋義遲遲不下命令。

此時正值冬季，天氣很冷，士兵們饑寒交加，而宋義只顧自己吃喝，項羽十分氣憤。第二天清早去見宋義時，就在宋義營帳中將其殺死，還割下他的頭，號令全軍。將領們見項羽殺了上將軍，個個驚懼，表示願意服從其指揮。項羽報告給楚王，楚王即命項羽爲上將軍。於是，項羽立即行動，親自率領全軍渡河北上。過河以後，項羽命令將渡船全部鑿沉，飯鍋全部砸破，岸邊的房屋也統統燒光，每人只發三天的糧食。項羽以此表示這一仗只有拼命、誓不後退的堅強決心。楚軍一到前線，立即把秦軍包圍，截斷了其運糧的後路。經過一場惡戰，秦軍被打得落花流水，這一戰役勝利結束後，項羽召見各地援軍的將領，他們都拜伏在項羽腳下。從此，項羽便成爲抗秦隊伍中的首領。

在古代的政治生活中，有些經營者也是以其破釜沉舟的膽略爲自己贏得更爲廣闊的生存空間的。

在太平天國的攻勢下，清軍連吃敗仗，這給清政府的統治者以不小的震動。面對皇帝的昏庸、官員的無能和政府的種種弊端，曾國藩冒著被降職、殺頭的風險，於咸豐元年四月上一疏《敬陳勝德三端預防流弊》，鋒芒直指咸豐皇帝，目的就是要杜絕咸豐皇帝由於年輕而引發的驕矜之氣和扭轉朝野上下的「惟阿之風」。

奏疏中，他率直指出如要轉移政治風氣，培養有用人才，全在皇帝個人的態度。他認爲皇帝的第一樣「聖德」是敬慎。每當皇帝祭祀之時，「對越肅雍，跬步必謹。而尋常蒞事，亦推求精到，此敬慎之美德也。而辨之不早，其流弊爲瑣碎，是不可不預防。」瑣碎之弊病在於，見小而遺大，謹其所不必謹，而於國計之遠大者，反略而不問。他批評咸豐皇帝苛於小節，疏於大計，對發往廣西的人員安排不當。這對於當時自上而下的避重就輕，塗飾細行，以求容悅取寵的作風，不啻爲無情的棒喝。

皇帝的第二樣「聖德」是好古。皇帝於「百忙之中，養修精神閱覽古籍；遊藝之末亦法前賢，此好古之美德也。辨別不仔細，其弊徒尙文飾，亦不可不預防。」文飾之弊端，在於崇尙虛文而卻不務實際。他直言咸豐皇帝徒尙虛文，不求實際。奏摺說:「自去歲求言以來，豈無一二嘉謨至計，究其歸宿，大抵皆以『無庸議』三字了之。間有特被獎許者，手詔以褒倭仁，最終而疏之萬里之外;優旨以答蘇廷魁，最終而斥爲亂道之流。是鮮察言之實意，只是裝飾一下納諫這張虛假的文章。」

皇帝的第三樣「聖德」是廣大。皇帝「娛神淡遠，恭己自樂，曠然若有天下而不給，這是廣大之美德。然辨之不精，亦恐厭薄恒俗而長驕矜之氣，尤不可以不防。」曾國藩批評咸豐皇帝剛愎自用，自食其言。「去歲求言之詔，本以用人與行政並舉，乃近來兩次諭旨，皆曰『黜陟大權朕自持之，不容臣下更參末議』。」又說:「今軍務警報，運籌於一人，取決於俄頃，皇上獨任其勞，而臣等莫分其憂，使廣西不遽平，固中外所同慮也。然廣西遽平，而皇上意中或遂謂天下無難辦之事，眼前無助我之人，此則一念驕矜之萌，這是我區區之大懼。」總之他想借助於尖銳的批評，以達到促成咸豐皇帝革除弊政的決心。專制政治的弊病莫如專制者自智自雄，視天下臣民如草芥。

曾國藩洋洋灑灑，痛陳咸豐皇帝的錯誤，這並非專制皇帝所樂意聽聞的。況且在積威之下，大多數人爲保求功名，也決不肯將逆耳之言向皇帝陳述，以免頓罹不測之禍。曾國藩上此奏疏確要擔一定風險。因此，他說：「摺子初上之時，餘意恐犯不測之威，業將得失禍福置之度外矣。」但他出於地主階級知識份子對封建國家的一片赤誠，甘願冒此風險。「蓋以受恩深重……，若於此時不再盡忠直言，更待何時乃可建言？……是以趁此元年新政，即將此驕矜之機關說破，使聖心日就要業，而絕自是之萌，此餘區區之本意也。現在人才不振，皆謹於小而忽於大，人人皆習脂韋惟阿之風，欲以此疏稍挽風氣，冀在廷皆趨於骨鯁而遇事不敢退縮，此餘區區之餘意也。」

奏摺送上之後，咸豐皇帝披覽未畢，則大動肝火，「怒摔其折於地，立召軍機大臣欲加罪他」。只是由於大學士祁雋藻一再疏解，才免獲罪。

封建時代，士大夫雖享榮華，高高在上，但伴君如伴虎，動輒得咎，一言不慎，可能身家性命都得賠上。但是作爲一種規律，我們也經常看到這樣一種歷史現象，在社會劇烈動盪的重要關頭，君心思變之時，即使是平常的暴戾之君，也往往能聽一些臣下的逆耳之言，這個時候，對於具有膽略的經營者來說，可能就是個機會。

曾國藩以一往無前的氣概爲自己贏得了機會。

破釜沉舟策略，實際上是斬斷退路，使人產生危機感，以此激勵人們奮發進取。因此，通過人爲的方法製造危機，正是對破釜沉舟計謀的一種巧用。

6 氣度能讓經營者與眾不同

氣度能產生比才幹、資歷更加有力的作用。氣度是無形的，但它以有形的方式使不同的人爲一個共同的目標服務。

三國時蜀相諸葛亮曾經對楊儀的才幹備加讚賞，大軍出征，楊儀規劃部伍，籌度糧穀，辦事幹練，不假思索。起初，楊儀爲先主劉備尙書，蔣琬爲尙書郎，以後二人同爲丞相參軍、長史，每次隨行，楊儀總是負擔更爲艱巨複雜的任務，論爲官才能，楊儀都在蔣琬之上，楊儀也認爲諸葛亮之後非己莫屬，那麼諸葛亮爲什麼最後卻選擇了蔣琬呢？

一個重要的原因就是楊儀氣量狹窄，自負狂傲，在軍中經常與魏延發生爭執。魏延又是一個個性很強，很有主見的將領。諸葛亮病逝，遺令楊儀處理後事，魏延不服，雙方爭鬥，各自上表後主，稱對方爲叛逆。後來，按照諸葛亮的計策殺了魏延。楊儀還踏上一腳，誅魏延三族。由於楊儀心性嚴酷等原因，後來沒有當上宰相，他居然說：「當年我如果舉軍投魏，那會像今天這樣！」居宰相之位，理全局之事，必須眼界開闊，心胸博大，身居高位而意氣用事是極爲危險的，更何況蜀國內部存在著錯綜複雜的人事矛盾呢？與楊儀相比，蔣琬正好符合一個宰相所具備的體氣和平、安撫大局的氣質和要求。

蔣琬曾經提拔楊戲爲東曹掾，甚爲看重。楊戲生性疏略，蔣琬與他談話，他經常不作回答。於是，有人別有用心地對蔣琬說：「楊戲輕慢傲人，有些過分了吧？」蔣琬嚴肅地回答：「人心不同，各如其面，當面順從而背後非議，這是古人所不爲的。楊戲要稱讚我，這又不是他的本意，要反駁我，又會表明我的錯誤，所以沉默不語，這正是他爲人坦誠的表現。」蔣琬言行一致，對楊戲始終沒有一絲一毫的成見。相比較而言，姜維外寬內忌，無法容忍楊戲的傲視，不久，將其廢爲庶人。

更爲顯著的例子是對待楊敏。楊敏曾經直率地說：「蔣琬作事憒憒，真是不及前人！」這一大膽的言論很快被報告上去，有關官員要求審訊楊敏，蔣琬表示反對。他說：「我確實不如前人，這是實情，不必追究。」既然如此，按規定就必須有不加追問的理由，蔣琬心平氣和地說：「如果不如前人，那麼事情就不會辦好，事情辦得不好，不就是作事憒憒？還有什麼好說的呢？」不過，這件事還沒有了結。後來楊敏因事入獄，有人擔心蔣琬乘機報復，這樣一來楊敏必死無疑。但是胸懷磊落的蔣琬並無芥蒂，不懷成見，楊敏得以免除生命之憂。

從上述事例可以看出：蔣琬確實具有常人所沒有的度量。因此在他爲相期間，蜀國基本上沒有人事上的重大矛盾和紛爭，保證了全國官員同心，上下安定。

蔣琬的才能遠不及諸葛亮，這是無可置疑的，但他能沿用諸葛亮的成規，以靜治國，注意選拔人才，用人之長，兼之氣量寬宏，心存大局，因此使蜀漢在失去了諸葛亮之後維持了穩定的政治局面。至於北伐，他審時度勢，積極進取，雖壯志難酬，但其所作所爲亦基本符合天下大勢和蜀漢國情。從上述幾點看，蔣琬仍不失爲繼諸葛亮之後作風穩健的一個經營者。

經營者的管理行爲關係著大局的成敗，而其個人的胸懷氣度又直接影響著他以什麼樣的方式方法來實施管理。只有具有雍容寬廣領導氣度的人，才能不斤斤計較個人私利，才能以博大的胸懷和坦蕩的公心對待所領導的人和事。當然。這種氣度也不一定是天生的，需要後天的修煉和磨勵。善養浩然之氣，爲臣者的領導水準才能達到一個全新的境界。這是所有擁有超凡智慧者的共識。

經營者的小故事

身不正何以正人

螃蟹媽媽領著自己的兒子在河底遊玩著，斜著走路的螃蟹媽媽告訴正在學走路的螃蟹兒子:「不可以斜著走路，不可以讓肚子在岩石上摩擦。你剛學走路，就學出了不少壞毛病。」

螃蟹兒子回答說:「媽媽，我是想好好學，我十分喜歡蝦的飄遊，可你從來就沒有給我做過那樣的示範，我怎麼能學會呀。你現在還是給我示範一下，好讓我認真地學習學習。」

螃蟹媽媽一聽傻眼了，是我在一直這樣走路的，怪不得兒子也這樣呢!

管理心得：正人先正己，一個管理者，如果自身猥瑣淫邪，稀稀拉拉，處處不能剛正垂範，那麼，他就不能言出法隨，他的管理語言就顯得蒼白無力了。

7 對別人意見可以不喜歡，但不能不傾聽

大凡下屬提出建議、意見，只要是論及公事而非個人私情，無論對錯，經營者都應側耳傾聽。因為傾聽本身就是一種姿態、一種鼓勵，不要抑制別人提出自己的看法，是經營者心存方正的體現。

貞觀初年李世民定下了「輕徭薄賦，與民休息」的基本國策，並克己治國，終於在 3、4 年內使國內以農為本的封建經濟有所回升。然而，大概勞後求逸是人的本性使然，同所有的帝王一樣，李世民也時常想享受一番。有趣的是，由於他所宣導的君臣互制機制的作用，每當他有這種念頭時，總會在經過仔細考慮和臣子勸諫之下，他又每每能夠回到節儉、求進的思路上來，收回了自己的一些奢侈的念頭。

在剛即帝位時，李世民很注意節省民力。但李世民當上了皇帝之後，仍是住在隋朝的舊宮殿中，這些宮殿大多都破舊不堪。若按以往慣例，新君王即位總要大興土木，另建新宮。李世民卻未這樣做。

早在貞觀二年，有公卿諸臣上奏說：「根據《禮記》上記載，在夏季最末的一個月，允許居住在亭台樓榭之上。現在夏季的暑熱還沒有消退，秋天的雨季剛剛開始，皇宮地勢較低，空氣

潮濕，請陛下下令建造一座地勢較高的殿堂用來起居休息。」

李世民說：「朕患有氣力衰竭的病，的確不適宜在低下潮濕的地方居住，但朕如果按你們的請求去做，耗費的財物實在太多。從前漢文帝打算建造露臺，但捨不得耗費掉相當於當時十戶人家財產的費用，後來就取消了這個建露臺的計劃。朕的德行不及漢文帝，而耗費的財物卻比他要多，如何稱得上是一個作爲百姓父母的君王的爲政之道呢？」當時，雖然公卿大臣們再三堅持奏請，李世民始終沒有答應這件事。

在貞觀四年，李世民打算東巡洛陽，於是下令修復洛陽宮，以備巡幸的事。如果說上次是臣奢侈、君節儉的話，這次的情況卻恰恰翻了個兒。當時一些大臣上疏諫阻，然而李世民仍堅持要修，說前幾年經濟不景氣，所以沒修宮殿，如今國家形勢好轉，爲什麼不修呢？對於李世民的固執，群臣毫無辦法。當時，給事張玄素上了一封言詞極爲激烈的奏摺來勸阻，使李世民打消了修宮殿的想法。不過，這一次上疏幾乎可以說是在虎口裏拔牙，相當冒險了。

其實，說張玄素耿直敢諫也好，說他有回天之力也好，都不如說作爲一名君主，李世民的頭腦畢竟還算清醒，能克制住自己的享樂意識而虛心納諫，這種品質，其實是一個明主所必備的涵養。

貞觀十一年，在李世民的治理下，經濟已有幾分繁盛，然而不知不覺中，李世民又增大了人民的徭役，各地樓館宮殿都有所興修，於是大臣馬周便上奏勸諫：「現在百姓剛剛經歷了隋唐兩朝戰爭，經歷了喪亂時代，人口已經下降到隋朝人口數的十分之一。但是老百姓仍要供官差、服徭役，青壯年被一個接一個地徵發上路，兄去弟還，首尾不絕。路程遠的往返五六千里，春去秋回，冬去夏回，一點休息的時間也沒有。陛下雖每有恩詔，下令減少差役，但有關部門既然不停地營建各種工程，這自然也要用人。枉然下達詔令，奴役百姓仍一如既往。」

馬周在上奏中還說：「臣常常到民間去微服私訪，在最近的四五年裏，發現百姓頗有怨恨嗟歎之言，認爲陛下不存體恤撫養他們的心思。從前唐堯用茅草土塊蓋房住，夏禹王衣食粗劣，這樣的事，臣知道不可能再在今天重現。漢文帝因憐惜百金之費用，停止了露臺的建造，還把臣子上書用的書袋收集起來，拼在一起，作爲宮殿的幕帷使用。連他所寵愛的慎夫人，衣著節儉到衣裙拖不到地上。到了漢景帝時，因錦繡五彩線帶的製作耗費婦女勞力，專門下詔，廢除不用這些奢侈品，使得百姓安居樂業。漢孝武帝統治天下時，雖然他窮奢極侈，但是依賴文帝、景帝遺留的恩德傳統，因而民心並沒有大的變動。假若繼漢高祖之後，接著即是武帝時代，天下必然不能保全。」

馬周指出：「這些情況在時間上離現在較近，事情的過程還可以瞭解得很清楚。現在京城及益州等地的許多工匠，都在製造供奉皇家的器物，以及諸王嬪妃公主的服飾，老百姓對此議論紛紛，認爲這太奢侈。臣聽說勤奮早起欲求有盛大顯赫功績的君主，其後代猶爲懈怠；好的法律，實行久了也會出現弊病。陛下小時處於民間，深知百姓辛苦。前代成敗，人所共見。」

馬周又說：「臣研究前代以來國家成功失敗的情況，發現凡是因黎民百姓怨恨謀反，聚爲盜賊，國家沒有不立即滅亡的。

國君即使願意悔改，也沒有能夠重新安定保全的。凡修行政治教化，應在還來得及修正時修正，若事變之後，後悔也沒有用了。所以後代的君主總是見到前代的覆亡，能清楚地知道人家的政治教化如何失誤，可是卻不知道自己本身有什麼過失。因此殷紂王嘲笑夏桀亡國，而周幽王、周厲王又嘲笑殷紂王滅亡。隋煬帝大業初年，又嘲笑北周、北齊喪失國家。然而現在陛下看煬帝，也像煬帝當年看北周、北齊一樣。此言不可不戒也。」

讀了馬周的上書，李世民幡然醒悟，歷史的教訓果然使他深有憂懼，他沒有想到自己竟然有這樣大的過失，於是馬上宣佈停止製造各種奢侈之物，以悔改自己的言行。

能不能聽得進自己不愛聽、不喜歡的話，是衡量一位經營者領導境界的標杆。你可以不同意、不接受，甚至你可以批評別人的意見，但你不能拒絕別人發表意見。

經營者的小故事

耕柱與墨子

春秋戰國時期，耕柱是一代宗師墨子的得意門生，不過，他老是挨墨子的責駡。

有一次，墨子又責備了耕柱，耕柱覺得自己真是非常委屈，因為在眾多門生之中，大家都公認耕柱是最優秀的人，但又偏偏常遭到墨子指責，讓他面子上過不去。

一天，耕柱憤憤不平地問墨子：「老師，難道在這麼多學生當中，我竟是如此的差勁，以至於要時常遭您老人家責駡嗎？」

墨子聽後，毫不生氣:「假設我現在要上太行山，依你看，我應該要用良馬來拉車，還是用老牛來拖車？」

耕柱回答說:「再笨的人也知道要用良馬來拉車。」

墨子又問:「那麼，為什麼不用老牛呢？」

耕柱回答說:「理由非常簡單，因為良馬足以擔負重任，值得驅遣。」

墨子說:「你答得一點也沒有錯。我之所以時常責罵你，也是因為你能夠擔負重任，值得我一再地教導與匡正你。」

耕柱聽了墨子的話，才明白墨子對自己的責備是因為對自己的重視，心中的不快一掃而光。

管理心得：加強內部的溝通管理，一定不要忽視溝通的雙向性。作為管理者，應該有主動與部屬溝通的胸懷；作為部屬也應該積極與管理者溝通，說出自己心中的想法。只有大家都真誠地溝通，雙方密切配合，企業才能發展得更好更快。

心得欄 ------------------------------------

----

8 經營者要黑臉白臉一起唱

作爲經營者，有時候對故舊施威可能會礙於情面，苦無良策，這時就需要與人配合，各扮角色。一個扮黑臉，一個扮白臉；一個砸場，一個收場，管人效果自然不同。

南北朝時期永熙三年，高歡立 11 歲的元善見爲帝，遷都鄴，史稱東魏。次年，宇文泰在長安立元寶炬爲帝，史稱西魏。北魏正式分裂成東、西魏。

東魏政權僅存在了 10 多年，一直由高歡、高澄父子控制朝政。高歡依靠鮮卑軍人起家，又得到了漢族豪強的支持而奪得政權。上臺後，他吸取了爾朱氏失敗的教訓，留心接納漢族士大夫，注意籠絡鮮卑貴族。但是，他對官員的貪污聚斂、爲非作歹不聞不問，東魏吏治日趨腐敗。行台郎中杜弼要求高歡整肅吏治。

高歡說：「天下貪污，習俗已久。今帶兵的鮮卑將帥的家屬部將都在關西，宇文泰經常對他們籠絡招降，他們也在猶豫觀望；江東又有南梁蕭衍，漢族士大夫都認爲他是漢室正統。我如果急於整肅，恐怕鮮卑將帥將投奔宇文泰，漢族士大夫則歸向南梁，人才流失，我何以立國，還是慢慢來吧！」

杜弼不以爲然，在高歡準備出兵攻打西魏時，又要求高歡先除內賊。高歡問他，誰是內賊，他說:「掠奪百姓的勳貴就是。」高歡沒回答，令軍士排列兩邊，舉刀、挺矛、張弓，要杜弼從隊伍中走過去。面對刀槍出鞘、怒目而視的鮮卑軍人，杜弼嚇得冷汗直流，戰戰兢兢。高歡開口說:「箭雖在弦上而未發，刀雖舉而未砍，矛雖挺而未刺，你便嚇得失魂落魄。諸勳貴卻要冒槍林彈雨，百死一生，他們雖有些貪鄙，但功勞是很大的，能將他們與常人一樣看待嗎！」

高歡的姐夫尉景貪財納賄，被人告發，高歡叫優伶石董當他的面，像演戲一樣，一邊剝尉景的衣服，一邊說:「公剝百姓，我爲何不剝公？」高歡在一旁說:「以後不要貪污啊！」尉景卻說:「我與你比，誰的財產多？我只在百姓頭上刮一點，你卻刮到皇帝頭上了。」

東魏的都城在鄴，高歡卻一直住在晉陽，將朝政委於其信任的孫騰、司馬子如、高岳和高隆之，人稱「鄴中四貴」，他們專恣朝政，驕橫貪枉，權傾內外。高歡既不想得罪權貴，也不願看著他們坐大，便任命其子高澄爲大將軍，領中書監，大權盡發高澄。太傅孫騰自以爲是其父輩，又是功臣元老，進大將軍府，不等招呼便坐下了。高澄給了他一個下馬威，令左右將他拖下座，用刀背抽打他，並令他站在門外。高隆之隨高歡起兵山東，高歡稱其爲弟。一次，高澄的弟弟高洋對高隆之叫了聲「叔父」。高澄馬上沉下臉，罵了高洋一通，使高隆之下不了臺。高歡假裝關切地對公卿大臣說:「孩子長大了，我也管不住了，你們要注意迴避些。」從此，公卿大臣見了高澄都非常害怕。

尙書令司馬子如是高歡的舊友，位居高位，權傾一時。他與太師、咸陽王元坦貪得無厭。禦史中尉崔暹、尙書左丞宋遊道先後彈劾他們，奏本寫得非常嚴厲。高澄將司馬子如收押起來。一夜之間，司馬子如頭髮都急白了，他說：「我從夏州投奔相王（高歡），相王送我露車一輛、曲角母牛一頭。牛已死了，曲角尙在。此外，我的財產都是從別人那裏掠取來的。」

高歡、高澄如此動作只是爲了警告這些權貴，並非真要處置他們。高歡寫信給高澄說：「司馬子如是我的故舊，你應該寬待他一點。」高澄得信，正騎馬在街上，立即令人將司馬子如帶來，脫去枷鎖。司馬子如驚慌地說：「莫非要殺頭吧？」高澄放了他，並免去了他和元坦的官職，其餘涉嫌的大小官吏或殺或罷官，過去誰也不敢觸動的案子都一一辦妥了。

幾個月後，高歡見到司馬子如時，他已憔悴得不成人樣了。高歡親膩地把司馬子如的頭靠在自己的膝上，親自爲他捉頭上的蝨子，又賜給他 100 罐酒、500 頭羊、500 石米。他對鄴城的權貴說：「咸陽王、司馬子如都是我的布衣之交，與我的關係你們誰能超過他們，他們犯法，我也不能救他們，你們要小心啊！」

高歡父子一個扮紅臉，一個扮白臉，一個以法治人，一個以舊恩籠絡，恩威並施，巧妙施展權術來駕禦公卿貴戚。

「恩威並用」配合使用起來更顯得緊湊。既不傷故舊和氣，又達到統御目的，尤其對那些有功之人更適合些。

經營者的小故事

籠絡人心

某公司成立以來，事業可謂蒸蒸日上。但因受國際上恐怖活動的影響，今年的利潤卻大幅滑落。

董事長知道，這不能怪員工，因為大家為公司拼命工作的情況，絲毫不比往年差，甚至可以說，由於人人意識到經濟不景氣，做得比以前更賣力。

這也就更加重了董事長心頭負擔，因為馬上要過年，照往年，年終獎金最少要發三個月的工資，多的時候，甚至再加倍。

今年可慘了，算來算去，頂多只能拿一個月的工資做獎金。

「這要是讓多年來已被慣壞了員工知道，士氣真不知要怎樣滑落！」董事長憂心地對總經理說，「許多員工都以為最少加兩個月，恐怕飛機票、新傢俱都定好了，只等拿獎金就出去度假或付賬單呢！」

總經理也愁眉苦臉地說：「好像給孩子糖吃，每次都抓一把，現在突然改成兩顆，小孩一定會吵。」

「對了！」董事長突然觸動靈機，「你倒使我想起小時候到店裏買糖，總喜歡找同一個店員，因為別的店員都先抓一大把，拿去稱，再一顆一顆往回減。那個比較可愛的店員，則每次都抓不足重量，然後一顆一顆往上加。說實在話，最後拿到的糖沒什麼差異，但我就是喜歡後者。」

突然，董事長有了主意……

沒過兩天，公司突然傳來小道消息：由於營業不佳，年底要裁員，上層正在確定具體實施方案。

頓時人心惶惶了，每個人都在猜，會不會是自己被裁。最基層的員工想：「一定由下面殺起！」上面的主管則想：「我的薪水最高，只怕從我開刀！」

但是，不久之後，總經理就宣佈：「公司雖然艱苦，但大家同一條船，再怎麼危險，也不願意犧牲同甘苦共患難的同事，只是年終獎金，不可能發了。」

聽說不裁員，人人都放下了心頭上的一塊大石頭，那不致捲鋪蓋回家的竊喜，早壓過了沒有年終獎金的失落。

眼看新年將至，人人都作了過個窮年的打算，取消了奢華的交往和昂貴的旅遊計劃。

突然，董事長召集由各單位主管參加的緊急會議。

看主管們匆匆上樓，員工們面面相覷，心裏都有點兒七上八下：「難道又變了卦？」

沒幾分鐘，主管們紛紛衝進自己的單位，興奮地高喊著：「有了！有了！還是有年終獎金，整整一個月，馬上發下來，讓大家過個好年！」

整個公司大樓，爆發出一片歡呼，連坐在頂樓的董事長，都感覺到了地板的顫動。

管理心得：籠絡人心靠的不是金錢，而是智慧。一個公司的經營狀況不一定總是穩定，因此，作為領導者，只能在公司條件允許的情況下，儘量滿足下屬那些與企業目標一致的需求，對於不合理的需求和難於滿足的需求，就要採取一定的策略，讓下屬自願主動放棄。但要記住的是，獎勵是激勵手段，它能激發積極性，增加員工對企業的感情。

9 冒風險才能成就大功

就像做生意投入與產出成正比一樣，想要做事情不冒風險就幹成大事的想法只能自欺欺人。

經營者在紛繁複雜的局勢當中往往需要面臨這樣一個兩難抉擇：是謹小慎微、明哲保身，還是甘冒奇險、做個有可能被一擊而中的出頭鳥？有著強烈的責任感、把一己得失放在第二位的經營者會選擇後者。

東漢末年，董卓挾持漢獻帝，從洛陽遷都長安。司徒王允爲除掉董卓而日夕憂慮不安，董卓不僅權勢熏天，掌握軍政大權，更兼有一義子呂布，驍勇異常，有萬夫不當之勇，極難對付。一天深夜，王允看見自己的養女貂蟬在牡丹旁邊對月長嘘短歎，以爲她有了私情，十分生氣，就厲聲呵斥。沒想到貂蟬跪下來說：「小女見大人近來憂心國事，愁眉不展，只恨自己是一弱女子，不能爲之分憂。」王允一聽，忽然計上心來，覺得漢室的命運，真是決於貂蟬一人之手了。

原來，呂布本是荆州刺史丁原的義子，在討伐董卓時，連斬數將，把董卓嚇跑。董卓見呂布勇不可當，便想收爲己用，董卓的部下李肅深知呂布是一有勇無謀、見利動心的匹夫，就請求去說服呂布來降。李肅先送去珍寶以結其心，又送上極其著名的赤兔馬，以表明董卓看重呂布，再加上花言巧語，終於說服了呂布。呂布殺了丁原，提其頭來見董卓，拜董卓爲義父，從此一心替董卓賣命。

要想除掉董卓，上策當是先除呂布，斬其羽翼而後擒王，若能令呂布反戈，助除董卓，那就是上中之上的妙計了。王允看到貂蟬，他深知此女不僅美貌出眾，而且心思靈巧，若是她願意幫助離間董卓、呂布父子，那就大事成矣。於是，王允把貂蟬請入室內，納頭便拜，唯恐貂蟬不願答應，沒想到貂蟬爲報王允的養育之恩，竟慨然應諾。王允就把董卓、呂布的好色忘義、有勇無謀等特點交代給貂蟬，要她照計行事。

王允先把呂布邀到家中，極力表示欽慕，並送上寶冠，在飲酒時，讓貂蟬出來勸酒。呂布一見貂蟬的美貌，驚得兩眼發呆。王允當即提出要把貂蟬許配給呂布，呂布極爲高興，便興衝衝地回去準備成親。

王允接著又把董卓請到自己家宴飲，飲至正酣，王允又把貂蟬叫出獻舞。貂蟬的美麗使得滿室生輝，董卓不禁垂涎三尺。王允見火候已到，就主動提出要把貂蟬獻給董卓，董卓感激不已，當夜就用車把貂蟬載回了相府。

呂布知道後，立即抓住王允責問，王允答說：「太師(董卓)知道我已將小女許配於你，他說今天正是良宵，便要帶回府去配給你，我那裏敢不允許呢？」呂布聽了，也無話可說，回到家中，等了一夜，並不見送貂蟬來。第二天一早，再也按捺不住，就直奔相府而來。貂蟬正在窗下梳頭，遠遠地見了呂布，便忙將羅帕掩面，裝作哭泣的樣子。呂布心如刀割，怕驚醒了董卓，只好退出。

過了幾天，呂布聽說董卓生病，便入相府探望，貂蟬從床後探出半個身子，望著呂布，用手指心，又指董卓，再轉過臉去，連連抹淚。呂布心中難受，失魂落魄地呆望貂蟬，這時，董卓醒來，以為呂布調戲貂蟬，就厲聲呵責呂布。

過了幾天，呂布保護董卓上朝議事，群臣散後，獻帝獨留下董卓密談，呂布見有機可乘，便急忙跑到董卓的相府，想找貂蟬問個究竟。貂蟬見了呂布，輕聲告訴他到鳳儀亭邊說話。在鳳儀亭邊，貂蟬像見了親人般哭泣傾訴，說自己本想嫁個英雄少年，沒想到董卓老匹夫起了歹心，據為己有。

貂蟬邊哭邊訴，拖延時間，等待董卓到來。果然，董卓見呂布不在，急忙追來，見到呂布之時，貂蟬故意連拉帶扯，裝作要掙脫呂布跳水的樣子，董卓遠遠看見，便急追而去，提起呂布放在一旁的畫戟，奮力擲向呂布，被呂布用力一擋，掉在地上。

貂蟬見了董卓，連哭帶喊，說呂布強行調戲，自己正欲投水自盡，幸虧太師趕來相救，說罷還要拔劍自刎。董卓聽信了貂蟬的話，想殺呂布。董卓的女婿李儒認為不能為一女子而傷一員大將，董卓才未殺呂布，只是帶著貂蟬到他私人堡壘——郿塢享樂去了。

從此，呂布與董卓離心。在為董卓送行的時候，王允見到了呂布，便邀呂布到家中飲酒。呂布把鳳儀亭之事說了一遍，王允激呂佈道:「辱我的女兒，奪將軍之妻，真是將軍的奇恥大辱！我已是老邁無能之輩，可將軍乃蓋世英雄，難道你也受此辱？」呂布聽了，被激得暴跳如雷，發誓要殺董卓。王允見他決心已定，便細加計議，與朝中許多人相聯絡，派董卓的心腹之人李肅前往堳塢，詐稱獻帝要禪讓帝位，誆騙董卓前來長安。董卓深信不疑，在上朝時，被王允埋伏的武士衝出刺傷，董卓急喊:「吾兒奉先快來！」呂布轉出車後，不僅不幫董卓，反倒一戟結束了董卓的性命。

王允以一個「敢」字做成了一件驚天動地的大事，並以此改變了歷史。在關鍵時刻，這也正是雄才大略的經營者與平庸的經營者的根本區別。

經營者的小故事

船艙裏的水

一艘貨輪運送完貨物，空船在太平洋裏航行，突然浩瀚的海面上刮起巨大風暴。一時之間船上很多人驚慌失措、手忙腳亂起來。

這時船長下令說:「打開全部船艙，立刻往裏面灌水，危險一定會渡過的，請大家不用慌亂。」

水手們擔憂:「險上加險，不是自尋死路嗎？」

船長鎮定地說:「大家見過根深幹粗的樹被暴風刮倒過嗎？

被刮倒的是沒有根基的小樹。同樣船也是一樣。」

水手們半信半疑地照著做了，暴風巨浪依舊那麼猛烈，但隨著貨倉裏的水越來越滿，貨輪漸漸地平衡了。

那些鬆了一口氣的水手就問船長：「為什麼遇到颶風大浪，還要往船裏裝水？我們真是不太懂。」

船長說：「一隻空木桶很容易被風打翻，如果裝滿水負重了，風就吹不倒了。當船裝貨負重的時候，是最安全的，可是我們的船上一點貨物都沒有，那才是最危險的，所以我才讓你們打開船艙，往裏面灌水，使船能夠保持平衡，不致被暴風吹倒。」

管理心得：企業最危險的時候，不在一無所有的企業階段，而是在溫飽之後的目標喪失之時。企業發展最好時，也是最危險的時候。

心得欄 --

10 大膽的決策不能有拖泥帶水的痕跡

大膽的決策難，做出決策之後如何順利實施並確保成功更難。歷史的經驗教訓表明：拖泥帶水的行爲方式是敏感時期重大決策成功實施的最大敵人。決策大膽，行動堅定沉著，這才是一個優秀的經營者應該做到的。

漢高祖劉邦去世後，周勃以列侯的身份輔佐惠帝。惠帝六年，朝廷又設置太尉官，並任命周勃爲太尉。

呂后八年七月，呂后去世，呂祿以趙王的身份爲漢朝的上將軍，呂產以梁王的身份作爲丞相，兩人竊據軍政大權，有危害劉氏王朝的野心。在長安宿衛的朱虛侯劉章是劉氏的宗室，因爲他的妻子是呂祿的女兒，方才知道呂氏的陰謀，就派人去向他的哥哥齊王劉襄報告，要他發兵進京，自己在長安作爲內應，共同誅滅呂氏家族。劉襄得到報告後，當即起兵，並向各諸侯王發出文書，揭露呂氏的罪惡陰謀，號召劉姓諸侯王共同誅滅不當爲王的呂氏。呂產得知此事後，馬上派大將軍灌嬰帶兵去阻擊。灌嬰到了滎陽，按兵不動，並派遣使者同齊王劉襄等人聯合，等待事態的發展。

這時，周勃身爲太尉，卻不能進入軍營的大門；陳平身爲丞相，卻不能處理政事。兩人在陸賈的勸說下，加強友好，並與劉章等人合謀。因爲曲周侯酈商的兒子酈寄與呂祿關係密切，於是他們就讓酈商命令酈寄去騙呂祿說：「呂氏封王是眾臣所知並且認可的，不會產生麻煩。現在的問題是，您不應該帶兵留在京師，使人懷疑，何不趕快交出將軍的印信，把軍權交給太尉，讓梁王也交出相國的印信，與各大臣私定同盟，而後回到封國去？那樣，齊王一定會退兵的，朝廷得以安定，您也可以穩穩當當地做王，這可是功蓋萬代的好事啊！」呂祿覺得酈寄說得對，就把這事告訴給了呂產以及諸呂老人。其中有人覺得不妥，有些猶豫不決，但呂祿仍然相信酈寄的話。

八月，有人向呂產報告了灌嬰與齊王通氣的消息，這事又被曹窋得知，曹窋是曹參的兒子，父親曹參與周勃、陳平等人都是當年追隨劉邦出生入死的同僚，可說是世交。曹窋知道這個重要消息後，立即報告給了周勃和陳平。周勃得到消息後，打算先控制住北軍，但沒有符節不得進入。在這關鍵時刻，掌管符節的紀通傾向於周勃，謊稱天子之命讓周勃進入北軍。酈寄等人又遵照周勃的吩咐去勸說呂祿道：「皇上派太尉周勃駐守北軍，是希望您趕快交出將軍的印信。否則的話，就會大難臨頭了。」呂祿自知勢單力薄，隨即交出了印信，把兵權給了太尉周勃。

周勃進入北軍軍營後，馬上宣佈命令：「擁護呂氏的裸露右臂，擁護劉氏的裸露左臂。」結果全軍將士都裸露左臂，表示擁護劉漢王朝。周勃隨即掌管了北軍，但沒有控制住南軍。周勃又命令劉章監守軍門，命令曹窋告訴衛尉不要讓呂產進宮。這時呂產還不知道周勃已經掌管了北軍，打算進到未央宮發動叛亂，到了宮門卻不能進去，正在來去徘徊。周勃知道這個情況後，還怕沒有勝利的把握，不敢公開宣佈誅除諸呂，只是對劉章說:「趕快進宮保護皇上。」劉章帶著一支部隊衝進未央宮的側門，發現呂產正在與其同黨密謀，便向他們發起了進攻。時值傍晚，天刮大風，隨從呂產的官員大亂，沒有一個敢於戰鬥的，呂產也嚇跑了。劉章一路追擊呂產，並將他殺死在郎中令官府的廁所裏。接著，劉章又殺了長樂衛尉呂更始，然後回到北軍向周勃報告。周勃非常高興，隨即又捕殺了呂祿及其他諸呂氏。

同時，周勃又與陳平等大臣們謀劃，廢除了由呂后安排而非惠帝所生的少帝，擁立代王劉恒爲帝，是爲漢文帝，這樣齊王劉襄才算退兵。

文帝即位後，以周勃的功勞最多，任命他爲右丞相，賞賜黃金 5000 斤，食邑增加到 10000 戶。

一般人往往只知仰羨經營者頭上的光環，仰羨類似周勃「黃金 5000 斤、食邑 10000 戶」的富貴和殊榮，而不去探究其勇於謀事、善於成事的行爲特點。

其實，只要悉心研究和學習，諸如大膽決策、不拖泥帶水之類的行爲特質不僅對於經營者，對於普通人也是十分有益的啓示。

經營者的小故事

百分百合格

這是發生在第二次世界大戰中一個真實的故事。

美國空軍為了降落傘的安全性問題與降落傘製造商發生了一場糾紛。當時降落傘的安全性能不夠，合格率較低，廠商採取了種種措施，使合格率提升到 99.9%，但軍方要求產品的合格率必須達到 100%。廠商認為這是天方夜譚，他們一再強調，任何產品都不可能達到 100%合格，除非奇蹟出現。99.9%的合格率已經相當優秀了，沒有必要再改進。

99.9%的合格率乍看很不錯，但對於軍方來說，這就意味著每 1000 個傘兵中，會有一個人的降落傘不合格，他就可能因此在跳傘中送命。後來軍方改變了檢查產品品質的方法，決定從廠商交貨的降落傘中隨機挑出一個，讓廠商負責人裝備上身後，親自從飛機上跳下。這個方法實施後，奇蹟出現了，不合格率立刻變成了零。

管理心得：原本認為不可能的事，制度一改，奇蹟就發生了。制定制度為的是規範管理，但無論是有了制度沒有獎懲機制，還是獎懲機制與執行者的利益缺少關聯，都會導致制度成為擺設。怎樣讓制度順應這種追求利益的本性，以激發執行者的工作熱情，是管理者尤其是制度的設計者需要深思的問題。

11 挽救危局全在於經營者超群的膽識

有的經營者能夠在順局中應付裕如，遇到形勢危急、生死難料的場面就不知道該怎麼做了。只有膽識超群的經營者才能扶大廈之將傾，以一己之力定出成敗勝負。

北宋時期，宋朝與北方遼國的關係日益緊張。雙方交戰，宋軍多次失利，而遼軍的進攻不斷加劇，準備大規模南侵。面對遼國咄咄逼人的氣勢，真宗和滿朝文武驚慌失措，毫無良策。危難之際，以英勇果敢著稱的寇準被畢士安等人推上了前臺。景德元年八月，真宗任命寇準爲宰相，要他負責解除遼軍的威脅。不久，遼軍包圍了瀛州，直逼貝州、魏州，朝廷內外震驚恐懼。參知政事王欽若主張逃跑，他暗勸真宗放棄汴梁，遷都金陵；又有人勸真宗逃往成都。真宗猶豫不決，便召寇準商議。寇準力主抗遼，對主張逃跑之人恨之入骨，他心知是王欽若等人的主張，卻佯裝不知說：「誰爲陛下出的這種計策，罪該處死。如今陛下神明英武，將帥團結一致，如果御駕親征，敵軍自然會逃走，爲什麼要拋棄宗廟社稷，遠逃楚、蜀之地呢？如果那樣，大宋必然人心崩潰，軍心渙散，敵軍會乘勢進攻，長驅直入，大宋的江山還能保住嗎？」一席話，說得那些主張逃跑的人羞愧難當。真宗受到震動，決定御駕親征。

真宗和文武大臣率軍從京師出發，向北進發。當大軍到達韋城時，聽說遼軍已攻到澶州北城，真宗驚恐萬分，信心全無，又打算南逃。寇準堅定地說：「目前敵人已經臨近，人心恐懼，陛下只可前進一尺，不可後退一寸！北城的守軍日夜盼望著陛下的車駕，一旦後退，萬眾皆潰。」在寇準的堅持下，真宗率眾臣勉強到達了澶州南城。

此時，隔河相望的北城戰事正酣，真宗和眾臣不敢親臨前線，不願渡河。寇準堅決請求真宗過河，他說：「陛下如果不渡過黃河，那麼人心就會更加危急；敵軍的士氣沒有受到震懾，他們會更加囂張。只有陛下親臨北城，才是退敵的惟一辦法。更何況我軍救援部隊已經對澶州形成了包圍之勢，陛下的安全已經有了保障，還有什麼顧忌不敢過河呢？」他見仍說服不了真宗，就把殿前都指揮使高瓊叫到跟前，要他力勸真宗。高瓊對戰事相當瞭解，他對真宗說：「寇大人方才所言極是，將士們都願拼死一戰，只要陛下過河親臨陣前，士氣必然大振，定能擊退敵軍。」真宗無奈，只得答應過河。

到了北城，真宗登上城樓觀戰。正在城下浴血奮戰的宋軍將士，看到城樓上的黃龍禦蓋，歡呼震天，聲聞數十里，軍威大振。他們吶喊著衝向敵陣，遼軍被宋軍士氣所懾，銳氣頓消，潰不成軍。

此戰勝利後，真宗回到行宮，留寇準在城樓之上繼續指揮作戰。寇準治軍有方，命令果斷，紀律嚴明，很受士兵擁護。在他的指揮下，遼軍幾次攻城都被殺得大敗而還，主帥蕭撻覽也被射死。真宗在行宮之中對前線戰事不太放心，多次派人前來打探戰況，探子每次都見到寇準和副帥楊億在一起飲酒說笑，就回去稟報真宗。真宗高興地說：「寇準這樣，我還有什麼不放心的呢？」

遼軍雖號稱 20 萬，卻是孤軍深入，糧草不繼，隨時有被切斷歸路的危險。蕭撻覽一死，遼軍人心惶惶，更無鬥志，於是便派人送來書信，請求講和。條件是，只要宋朝每年給遼國大量絹銀，遼軍就退兵，並且永不再犯中原。寇準想乘勝收復幽雲十六州，所以堅決不答應議和。真宗對戰爭早就厭倦，在求和派的勸誘下對兩國結盟議和表現出了極大的興趣。無奈主帥寇準的反對使議和出現了很大的阻力，於是一幫貪生怕死的官員就在背後放出謠言，說寇準利用打仗以自重，野心很大。迫於謠言的壓力，寇準只得同意兩國議和，締結盟約。

真宗派大臣曹利用作爲使節到遼軍帳營中簽訂結盟條約，並商討「歲幣」之事。臨行之前，真宗對他說：「只要遼兵速退，『歲幣』數目在百萬之內都可以答應。」

寇準卻暗中又把曹利用召到帳內，對他說：「雖然有皇帝的敕令，但你在與遼使簽約時，答應的數目不得超過 30 萬，否則，提頭回來見我。」

這年 12 月，宋遼雙方終於在澶州達成協定：遼軍撤出宋境，遼皇帝向宋皇帝稱兄，兩國互不侵犯，和平共處；宋每年撥給遼「歲幣」，銀 10 萬兩，絹 20 萬匹。這就是歷史上著名的「澶淵之盟」。

澶淵之盟後，河北戰事平息，北疆人民安居樂業，寇準功勞很大，聲望更高了。

經營者的小故事

賽 馬

孫臏被龐涓陷害後，最後從魏國逃到齊國，受到齊國將軍田忌的熱情接待。兩人經常在一起談論兵法，孫臏那睿智的談吐和驚人的韜略使田忌佩服不已，與之成了莫逆之交。

當時，齊威王在空閒時喜歡和王親大臣們賽馬，田忌老是輸，每次都輸掉不少黃金，田忌為此而非常煩惱。這一天，兩人談話談到投機處，田忌無意間說出了自己的煩惱。孫臏說：「下次將軍賽馬的時候，我可以看一看。」

隔了幾天，田忌果然邀請孫臏一道去觀看賽馬。孫臏看了看，田忌的馬其實與齊威王的馬實力差不多，雙方都有上、中、下三等馬。但三局比賽田忌都輸了。

孫臏於是對田忌說：「將軍明日再與威王賽馬，我可以保證您取勝。」

田忌大喜，說：「先生如果真能使我取勝，我就去向威王挑戰，下個大賭注，每局一千兩黃金，怎麼樣？」

孫臏說：「將軍只管去下注好了。」

田忌就進宮對齊威王說：「臣賽馬屢賽屢輸，明天我願以所有的家產來與大王一賭輸贏，每局賭注一千兩，不知我王意下如何？」

威王一聽便大笑起來，連說：「夠刺激，既然你這樣堅持，我就成全你。」

於是一言為定，只等第二天開賽。第二天一大早，王公貴族們都駕著裝飾華麗的車馬來到賽馬場，數千老百姓聞訊也都趕來觀看這激動人心的一賭。

賽馬就要開始了，田忌不禁緊張起來，悄悄問孫臏說：「先生，您的必勝秘訣在那裏呢？這可是千兩黃金一局的賭注啊，開不得玩笑！」

孫臏這才不慌不忙地說：「威王的馬勝將軍的馬一籌，如果您的馬按順序對等與他的馬比賽，自然非輸不可，現在您只需要略施小計，第一局用您的下等馬去對他的上等馬，第二局用您的上等馬去對他的中等馬，第三局用您的中等馬去對他的下等馬。這樣比賽下來，您的馬雖然會敗一局，但必然會勝兩局。三戰兩勝，一千兩黃金不就是將軍的了嗎？」

田忌一聽忍不住叫了起來，一拍大腿說：「妙啊！我以前怎麼就沒想到這一點呢？」

比賽開始，第一局當然是田忌輸了，齊威王大笑不止，田忌說：「大王，還有兩局呢，如果這兩局臣也輸了，大王再笑臣也不晚啊！」

結果，第二局、第三局都不出孫臏所料，田忌的馬都贏了，觀眾掌聲雷動，歡呼聲不絕於耳。田忌滿面紅光地從齊威王手中接過一千兩黃金。

比賽結束後，齊威王很是不理解，為什麼同樣的馬，同樣的賽法，這一次田忌會獲勝呢？田忌忍不住把自己的秘訣告訴了齊威王。

他對齊威王說:「這並不是馬的功勞啊，完全是因為孫臏先生的計謀。」

齊威王聽了感歎說:「在這種小事上就可以看出孫臏先生的過人智慧！」

於是齊威王讓田忌將孫臏招來，孫臏和田忌一起受到齊威王的重用，並為齊國立下了許多戰功，孫臏一直和田忌保持親密無間的友誼。

管理心得：說起來，孫臏的確不過是略施小計而已，在今天的體育團體賽中，大到奧運會，小到一個單位的業餘比賽，這種「下馬上馬」的戰法已是常識。只不過，現代人聰明得多，早已發明了抓鬮兒或電腦排名之類的辦法，使孫臏的計謀無從施展。問題在於，孫臏的計謀本身雖小，但其思維方法卻是不同尋常。世上很多事情都是如此，不怕辦不到，就怕想不到。

心得欄 ------------------------------

----

12 強大的經營者從來都不怕向人示弱

色厲內荏這個成語表明，越是心虛的人越要強裝出一副氣勢洶洶的樣子唬人。反過來說，越是強大的經營者越不怕向人示弱——只有這種示弱才能換來使大事功德圓滿的結果。

中國古代以示弱而成事最著名的實例，要數廉頗與藺相如的將相和。趙惠文王 20 年，趙王封藺相如爲上卿，地位在廉頗之上。廉頗心中很不服氣，覺得自己身爲大將，攻城破敵立過大功，藺相如只不過是耍耍嘴皮子，反而地位比自己高，居他之下，我廉頗不甘心。於是，廉頗揚言要找機會羞辱藺相如一番。這些話不久便讓藺相如知道了。爲了避免與廉頗發生正面衝突，藺相如儘量不出門，後來索性稱病，連朝也不上了。廉頗碰不到藺相如，氣自然也出不了。

有一天，廉頗遠遠地看見藺相如的車馬，急忙命令隨從驅車前去堵截。藺相如此時也發覺，便趕忙回車躲避。這樣的事發生了好幾次，藺相如的隨從和傭人們覺得很丟面子，便一起向相如上卿進言。藺相如語重心長地對舍人們說：「我躲避廉將軍，是爲了國家大局，倘若我們不和，強秦就會乘虛而入。我怎能置國家大局不顧而去計較一己之憤呢？」不久，這話傳到廉頗的耳朵裏。廉頗備覺羞愧。於是，廉頗主動到藺相如府中，脫下上衣，綁上竹棍，負荆請罪。從此以後，二人和好，成爲生死之交。

以弱成事策略的運用，其基本指導思想是「和爲貴」。以和爲貴，以柔克剛，是處理內部爭鬥、朋友過結乃至家庭矛盾等問題的有效方略。

明朝孝宗年間，孔鏞出任田州知府。到任才三天，便發生峒族人進犯州城。此時州內軍隊調往他處執行任務去了，城中兵力防衛空虛，於是，眾人提議關起城門來守城。孔鏞認爲，田州城是個孤立的城池，且內部又空虛，關門守城難以維持長久。如果因勢利導，用朝廷的恩威曉諭造反的峒族人，也許會解圍。眾人感到孔知府的意見是書生脫離實際的迂腐之談，難以成功。孔鏞堅持自己的意見，眾人又覺得沒有人敢出面當說客。孔鏞說：「這是我管理的城池，我應當前去。」眾人紛紛勸阻他，說太危險。但孔鏞命令立即準備好坐騎，打開城門，放他出城。眾人請求他帶幾個衛士，也被他拒絕了。

孔鏞來到峒族人中間，要見峒族人的首領。接著對大家說：「我本知你們是農民，由於饑寒所迫，才聚集在這裏苟且求個免於一死。前任官員不體諒你們，動不動就用軍隊來鎮壓，想把你們剿盡殺絕。我現在奉朝廷的命令來做你們的父母官，我把你們看成是晚輩，怎麼忍心殺害你們呢？你們如果真能聽從我的話，我將寬恕你們的罪過，你們可以送我回州府，我把糧食、布匹發給你們，以後就不要再出來搶掠了，如果你們不聽從我的話，可以殺我，但是接著就會有官軍向你們興師問罪，一切後果就由你們承擔了。」

大家聽了孔鏞的話，半信半疑，說：「要是真的像您說的那樣體恤我們，在您任太守期間，我們絕不再騷擾州府。」

孔鏞說：「我一語已定，你們不必多疑。」

於是，眾人拜謝，第二天，峒族人護送孔鏞回城。入城後，孔鏞命人取出糧食、布帛，分發給峒族人，大家道謝而歸。此後，峒族人不再做亂國擾民之事。

由此看來，擔當二字的詮釋並不局限於重拳出擊，能以虛懷若谷的胸懷主動示弱正是一般人難以做到、而是有擔當的經營者藉以成事的法寶。

經營者的小故事

成敗在於心態

南非有一種野馬，性情暴烈，奔跑速度極快，是難得的優良馬種。但它卻有一個身體極小的天敵——吸血蝙蝠。

這種蝙蝠一旦趴在馬身上，就用尖嘴狂吸馬血，不管馬如何狂奔亂跳，都甩不掉它，只有吸飽了它才會離去。

雖然這種蝙蝠吸血不多，但由於對吸血蝙蝠的懼怕，馬總是沒完沒了地狂奔，最後由於沒有了任何力氣，最終氣絕身亡。

管理心得：現實生活中，很多危險的產生，不在於敵人本身，而在於我們對待敵人的心態。很多看似滅頂之災的劫難，其實並不可怕。如果我們過分恐懼，過分急躁，即使是小困難也會使我們徹底崩潰，不可收拾。

13 主動去結交益友

自己是什麼樣的人，你就會去結交同類的朋友；有什麼樣的人際關係，就有什麼樣的人生層次，通過結交高高在上的人提升自己的人生層次是經營者成事的捷徑。

一般來講，結交人的目的只有一個，即早日讓自己有一點聲譽。一個人的聲譽在某種程度上影響著他的升遷與發展。因此，每個想有所發展的人，都無不爲樹立自己的聲譽而費盡心思。俗話說，近朱者赤，近墨者黑。當「無名鼠輩」要成爲成功人士時，掌握「親近法」當是一個重要途徑。企業經營者要成功，就應該要多親近成功企業家。

曹操就是這樣做的。漢代用人，非常重視輿論的評價，其取用的標準，主要是依據地方上的評議亦即所謂清議，實際上就是一種輿論方面的鑑定。士子們爲了取得清議的讚譽，就不能不進行廣泛的社交活動，尋師訪友，以展示並提高自己的才學和聲名，博取人們的注意和好感。特別注意博取清議權威的讚譽，以致有些清議權威終日賓客盈門，甚至還出現了求名者不遠千里而至的情況。曹操對於這種形勢，有著極爲清醒的認識，因此他特別注意結交名士，竭力爭取他們的支持。

在這方面曹操主要通過兩種途徑：一是對一些年輕的名士

就與之結交爲朋友；二是對一些年長的名士就向他們求教。這樣有利於爭取名士對自己的瞭解和幫助，藉以提高自己的名聲，擴大自己的影響。他知道自己的宦官家庭出身，爲廣大士人所蔑視，因而很注意樹立自己不與宦官腐朽勢力同流合污的形象。

曹操在少年時就與袁紹相交，但兩個人之間總有一些隔閡。及至袁紹、袁術的母親死後歸葬汝南時，曹操還是不計前嫌同他的好朋友一起前往弔唁，王儁也很贊許曹操，認爲他有治世的才能。袁家是世代做高官的名門望族，這次葬禮舉行得非常隆重，參加的人達 3 萬多，辦得很奢侈，耗費了大量的錢財。曹操見此情景感慨萬分。他私下對袁紹、袁術十分不滿，對王儁說：「天下將要大亂，倡亂的罪魁禍首肯定是這兩個人。要想安濟天下，爲百姓解除痛苦，不除掉這兩個人是不行的。」王儁也很有感觸地說：「我贊同你的說法，能夠安濟天下的人，除了你還有誰呢？」說罷，二人對笑起來。

在王儁避居荊州武陵，官渡之戰時，王儁曾勸劉表與曹操聯合，劉表不從。曹操下荊州時，王儁已死，曹操將其改葬江陵。潁川李瓚是「党人」領袖李膺之子，後來做過東平國相（如同郡守）。曹操同他交往，彼此瞭解很深。李瓚非常讚賞曹操的才能，臨終時對兒子李宣說：「國家將要大亂，天下英雄沒有一個人能超過曹操的，張孟卓（張邈）是我的朋友，袁本初（袁紹）是你的外親，雖然如此，你也不要去依附他們，一定要去投靠曹操。」後來李瓚的幾個兒子遵從父命，在亂世中果然保全了性命。

南陽何紘，字伯求，年輕時遊學洛陽，與郭泰、賈彪等太學生首領交好，很有名氣。好友盧偉高父親臨終時，何紘前去問候，得知其父有仇未報，便幫助盧偉高複了仇，並將仇人的頭拿來在他父親墓前祭奠，很是俠義。

何紘和大官僚士大夫「党人」陳蕃、李膺相好。陳蕃、李膺被宦官殺害後，何紘也受了牽連，在被拘捕之列，於是他變易姓名逃到汝南躲了起來。袁紹慕其名，私下與其交往。何紘經常潛入洛陽與袁紹計議，解救「黨人」。

曹操在這期間也同何紘交往，談孔學，論百家，說《詩經》，講兵法，頭頭是道。分析評論現實的派別鬥爭、黨錮之禍，很有見地，表現了學識淵博而且有濟世之才。何紘私下對別人說：「漢家將要滅亡，能夠安天下的，必定是這個人了。」曹操聽到後，非常感激。

此後，曹操在士人中的名聲就更大了。

在當時的諸多名士中，許劭是一個非常有影響的人物，誰要是獲得他的好評，則會對自己的仕進產生十分有利的影響。曹操爲了取得許劭的好評，先去拜訪在評議界享有很高聲望的大名士橋玄。

橋玄，字公祖，梁國雅陽人。歷任縣功曹、國相、太守、司徒長史、將作大匠、少府、大鴻臚、司空、司徒、尙書令等職。光和元年，升任太尉。以剛毅果斷著稱，敢於打擊豪強貪官。自己則廉潔自守，雖身居要職，子弟宗親卻沒有一個憑藉關係做上大官的。家貧乏產業，去世後，竟難以殯葬，當時的人們爲此將他稱爲名臣。橋玄謙恭下士，善於觀察和品評人物，在清議界也享有很高的聲望。曹操慕名前往，橋玄與之接談後，感到曹操很不平常，說：「現在天下將要變亂，不是經邦濟世的人才是不可能使天下安定下來的。能夠安定天下的，大概就是你了。」

停了一下，又說：「我見過的天下名士多了，沒有一個是像你這樣的。你要好好努力，我已經老了，願意把妻子兒女託付給你。」

曹操聽了，非常感激，把這位老前輩引爲知己。橋玄覺得曹操還沒有什麼名氣，又勸他去結交許劭。

許劭，字子將，汝南平輿人。以名節自我尊崇，不肯應召出來做官，善於辨別、評述人物。當時人們推舉清議的權威，無不把他和太原郭泰作爲代表。誰要是能夠得到許劭的讚譽，誰就能夠聲價倍增。

許劭常在每月的初一，把本鄉的人物重新評議一番，叫做「月旦評」。曹操由於橋玄的推薦，也由於自己對許劭慕名已久，因此不只一次帶著厚禮、陪著笑臉去拜訪許劭，請求許劭對自己稱譽一番。許劭一方面感到曹操與眾不同，另一方面大概對曹操那些飛鷹走狗的行徑有所瞭解，不大看得起他，因此拒不作答。曹操卻是決不放鬆，堅持著自己的要求，最後甚至找了個機會對許劭進行脅迫。許劭沒有辦法，只好說：「你是一個太平時代的能臣，動亂時代的奸雄。」

曹操聽了這個評語，感到非常開心，哈哈大笑著離去了。可見，曹操爲了達到自己的目的，有時甚至是有些不擇手段的。不過，他在尋覓「知己」的過程中，也有碰釘子的時候。

南陽宗世林十分看不起曹操的爲人。曹操 20 歲時多次登門，想同宗世林交個朋友，因賓客滿座，沒有說話的機會。後來宗世林起身外出，曹操乘機上前將他攔住，握住他的手，表達了自己的願望。誰知宗世林一點情面也不給，毫不猶豫地拒絕了曹操的要求。後來，曹操當了司空，總攬朝政，大權在握，又把宗世林請來，得意地問道:「現在我們可以交個朋友了吧？」

宗世林卻不動聲色地回答:「松柏之志猶存！」可見，宗世林對曹操是始終抱有成見的。

曹操能夠得到眾多名士的推許，並不是偶然的。漢代清議的標準，雖然以名教爲依歸，即一個人必須讀經習禮，砥礪品行，隨時注意修飾自己的言談風度。但一個人才能突出，也能得到清議的重視，特別是在經學日漸式微的漢末，才能顯示出越來越多的價值。

曹操在品行方面是沒有太多的東西值得稱道的，但他的才能在當時非常突出。他的觀察力和隨機應變的能力，他的機警、智慧和謀略，他的幹練和果敢精神，都是一筆令人羨慕的財富，在亂世非常有用。他手不釋卷，但不讀那些於世無補的書，特別不願走成千上萬的漢儒曾經走過的那條皓首窮經的道路。

他不專讀儒家的書，諸子百家的書他都要流覽一番，把有用的東西加以吸取。特別喜歡兵法，當時在軍事方面已經發表過不少獨到的見解。這些，都是他獲得清議好評的原因。此外，當然還跟他個人不懈的努力有關。曹操雖然出生於宦官家庭，但他也清醒地認識到，宦官集團遭到廣大士人的反對，是不可能有遠大前程的。他力圖改變自己的形象和社會地位，打進在統治集團中雖然一時還未佔據優勢但潛力卻很大的士大夫集團中去，千方百計尋求同名士交往的機會，竭力爭取他們的理解和支持。由於爭取到了眾多名士替自己激揚名譽，曹操引起了士大夫集團越來越廣泛的注意，這對他躋身士林、步入仕途起了很大作用。

曹操對於橋玄等人是深銘謝意的，建安七年曹操駐軍譙縣，特地派人到橋玄的墓地去祭祀，並親自寫了祭文。文中說：

吾以幼年逮升堂室，特以頑鄙之姿，為大君子所納。增榮益觀，皆由獎助，猶仲尼稱不如顏淵，李生之厚歎賈複。士死知己，懷此無忘。

這段話是反映了當時的真實情況和曹操的真實心情的。曹操的崛起和他善於結交天下名士的做法是密切相關的。可以說，曹操是從關係入手、以結交名士開始布下人生第一局，這爲他後面施展的才能提供了基本條件。

心得欄 ------------------------------

----

14 先學會辨識別人，才能建立起牢不可破的關係

身爲經營者，身邊總少不了朋友，但在你遇到困難、需要幫助的時候，朋友當中你最先想到誰？那怕這時候有一兩位伸出援助之手的朋友也是一個莫大的幸福。

歷史上，重義輕利，把友誼看得極爲神聖的人大有人在，這也是整個社會構建道德基礎的重要組成部份。同時不能否認的是，還有另外一種人，僅僅把朋友當作可供利用的資源，一旦人家失勢找上他時，他立即換上另一副面孔。

東晉大將王敦因謀反被殺，他的侄子王應想去投奔江州刺史王彬；王應的父親王含想去投奔荆州刺史王舒。王含問王應：「大將軍以前和王彬關係怎麼樣，而你卻想去歸附他？」王應說：「這正是應當去的原因。王彬在人家強盛時，能夠提出不同意見，這不是常人能夠做到的。到了看見人家有難時，就一定會產生憐憫之情。荆州刺史王舒是個安分守己的人，從來不敢做出格的事，我看投奔他沒用。」王含不聽從他的意見，於是兩人就一起投奔王舒，王舒果然把王含父子沉入長江。

當初王彬聽說王應要來，已秘密地準備了船隻等待他們；

他們最終沒能來，王彬深引為憾事。

藺相如曾是趙國宦官繆賢的一名舍人，繆賢曾因犯法獲罪，打算逃往燕國躲避。相如問他：「您為什麼選擇燕國呢？」繆賢說：「我曾跟隨大王在邊境與燕王相會，燕王曾握著我的手，表示願意和我結為朋友。所以我想燕王一定會接納我的。」相如勸阻說：「我看未必啊。趙國比燕國強大，您當時又是趙王的紅人，所以燕王才願意和您結交。如今您在趙國獲罪，逃往燕國是為了躲避處罰。燕國懼怕趙國，勢必不敢收留，他甚至會把你抓起來送回趙國的。你不如向趙王負荊請罪，也許有幸獲免。」繆賢覺得有理，就照相如所說的辦，向趙王請罪，果然得到了趙王的赦免。

繆賢以為燕王是真的想和自己交朋友，他顯然沒有考慮自己背後的一些隱性因素，比如自己當時的地位、對燕王的有用性，等等。可是現在他成了趙國的罪人，地位已經變了，交朋友的價值也就失去了，他貿然到燕國去，當然很危險了。藺相如看問題可真是一針見血啊。

再看這樣一個故事：晉國大夫中行文子流亡在外，經過一個縣城。隨從說：「此縣有一個嗇夫，是你過去的朋友，何不在他的捨下休息片刻，順便等待後面的車輛呢？」文子說：「我曾喜歡音樂，此人給我送來鳴琴；我愛好佩玉，此人給我送來玉環。他這樣迎合我的愛好，是為了得到我對他的好感。我恐怕他也會出賣我以求得別人的好感。」於是他沒有停留，匆匆離去。結果，那個人果然扣留了文子後面的兩輛車馬，把他們獻給了自己的國君。

王舒、燕王、啬夫在友與利的選擇上都看重後者，在他們眼裏，情義二字不值分文，而且會成爲自己的障礙，此一時彼一時，此時的他只是必欲除友而後快了。

一個人是不是可以相交成爲朋友，不可以等到大事當前再去判斷，而應在平常的小事中就注意觀察，這樣可以防止臨時抱佛腳。

春秋時的管仲與鮑叔牙結爲至交。兩人合夥做生意，每次分紅，管仲總是多拿一些。旁人不平，鮑叔牙卻爲他辯解說:「管仲家裏經濟更困難，讓他多分一些就是了。」

管仲打過幾次仗，每次都是衝鋒居後，逃跑當先。有人恥笑他，鮑叔牙又辯解說:「管仲並不是怕死，他是考慮家有老母需要贍養啊。」

後來鮑叔牙跟隨公子小白，小白當上了國君，就是齊桓公。而管仲因爲幫公子糾與齊桓公爭位，得罪了齊桓公，成了階下囚。又是鮑叔牙向齊桓公極力推薦:「管仲是個人才呀，他的能耐比我大多了。如果你想治理好本國，那我還能勝任，如果您想稱霸，那非找管仲幫忙不可。」果然，管仲幫助齊桓公成就了霸業。

利益是一塊試金石，山盟海誓不可信，利益面前見分曉。有的人私心重，交友時碰到這樣的人，千萬別被他的花言巧語所迷惑，免得讓這樣的關係毀了自己。

經營者的小故事

小同而大異

曾國藩是個鄉下秀才，他靠自我奮鬥和忍辱負重一步步走到權勢的最高峰，被稱為「晚清第一漢臣」。

曾國藩曾委派李鴻章訓練軍隊，李鴻章帶來三個人求見曾國藩，讓其分配職務。不料曾國藩正好外出了，於是李鴻章便讓三人站在門口等候，自己則進去了。

等得正無聊時，曾國藩回來了。

李鴻章迎了上去，還未曾說明用意，曾國藩擺了擺手悄聲說道:「我知道你的用意。」

李鴻章不解地說:「說說看。」

曾國藩說道:「最右邊的那個人忠厚可靠，後勤補給工作很適合他；中間那個人愛拍馬屁，只能應付他；最左邊的那個人要委以重用，那可是個人才。」

李鴻章驚訝地問道:「你怎麼會這麼清楚呢？」

曾國藩答道:「剛才我回來的時候發現的，右邊那個人對我畢恭畢敬，始終如一；中間那個笑臉相迎，只說好話；左邊那個人一直不卑不亢，頗有大將風度。」

李鴻章按照曾國藩的意見將三個人擔任的職務分配下去，三個人的表現果不其然。

曾國藩所說的那個有大將風度的人就是後來擔任臺灣巡撫的劉銘傳，李鴻章不得不讚歎曾國藩如此敏銳的觀察能力，能夠真正地利用有用之才。

管理心得：領導可以不會玩電腦，但不能不會識人善用。「聽其言而觀其行」，這是孔老夫子教給我們簡單而有效的識人方法。

15 學會拉大旗作虎皮

所謂拉大旗作虎皮，也就是拿更有號召力、威懾力的東西來虛張聲勢、爲自己壯膽助威。這種借力手段在歷史上頻頻被使用，且屢屢奏效。經營者要學會這招領導藝術。

奉天子以會諸侯、挾天子以令諸侯，是春秋時期一些強大的諸侯圖霸所採用的重要謀略。鄭莊公在位時，就曾以王師的名義伐衛，引來齊、魯等大國派兵前來救助，鄭莊公的幾位繼承人，也都抓住「勤王」這面旗幟，其中最有作爲的厲公曾挾「勤王」之功以爭雄於諸侯，只因壽命所限，功虧一簣。

齊國在管仲的治理下，經濟、軍事力量都雄厚起來，並且，在諸侯中也有了一定的地位。與此同時，周王室已日薄西山，氣息奄奄，再也沒有太多的遵從聽命的必要了。於是，齊國調整其爭霸謀略，將「奉天子以會諸侯」調整爲「挾天子以令諸侯」。

齊桓公北杏主盟時，遂國沒有到會，魯國也有些不服，齊桓公便率軍將遂國滅掉了，魯國因此感到威脅，於西元前 681 年冬天同齊在柯地結盟。而魯與宋又是對頭，宋人見魯國與齊國盟好，很是不高興，便破裂了與齊的關係。

西元前 680 年，齊桓公聯合陳、曹伐宋，並請用王室派軍相助。周王派王臣單伯來到齊軍中，表示對齊桓公的支持。鄭國見周王支持齊國，便也加入了對宋國的戰爭。於是，齊桓公正式打出天子的使命，率諸侯大軍伐宋。這是繼鄭國之後，再次打起「挾天子以令諸侯」的旗號。

齊桓公率兵到達宋國邊界，與眾臣商議攻宋之策。大夫寧戚說：「主公現挾天子以令諸侯，破宋並不困難。但以臣愚見，以威取勝不如以德服人。臣願意憑三寸之舌，前去勸宋公求和。」桓公答應了這一建議，派寧戚等數人一同前往宋都。

寧戚見到宋公，對其曉以利害說：「現在天子失權，諸侯爭鬥不斷，齊侯恭奉王命，與諸侯結盟，而你們卻出爾反爾，天子非常生氣，因此派遣王臣率領諸侯來向你們討罪。大軍現已壓境，不待交戰，我已知勝負了。」宋公向寧戚請教辦法。寧戚表示，願引薦與王師講和。

在多國軍隊的壓力下，宋國向齊求和。西元前 679 年春，齊、魯、宋、衛、陳、鄭在衛國的邯城相會，齊桓公主盟爲諸侯長，這時，齊國的霸主地位才真正確立。

挾天子以令諸侯，代天子而行威權，內尊王室，外攘四夷，於列國之中扶助衰弱者、壓制強橫者，討伐昏亂不聽命者，是奪取政治霸主地位的重要謀略。管仲輔佐齊桓公革新國政，發展生產。數年後，國中兵精糧足，百姓也知禮識儀。此時，齊桓公想立盟定伯，向管仲問計。

管仲獻計說：「當今諸侯強於齊國者不少，南有荊楚，西有秦晉，然而他們自逞其雄，不知道尊奉周王，所以不能成爲霸主。如今周王室雖然已經衰微但仍然是天下的主人，大王可以派遣使者去朝見周王，請天子旨意，大會諸侯。只要我們奉天子以會諸侯，內尊王室，外攘四夷，對於諸侯各國，扶持衰弱小國，壓制強橫之國，對那些昏亂不聽從號令者，統率諸侯討伐它。如果我們這樣做了，海內諸侯都知道我國的無私，必然共同朝服於我國。這樣，我們就可以不動兵車完成霸業。」

齊桓公覺得這一計謀既免除許多干戈，又可以使霸主地位變得名正言順，便採納了管仲的策略。先去周王室朝覲天子，然後，於西元前 684 年，以周王之命佈告諸國，約定是年三月共會於北杏。這是齊桓公首次大會諸侯。

臨行之前，管仲又向桓公建議說：「此番赴會，君奉王命，以臨諸侯，根本不必用兵車。」齊桓公依計而行，與此同時，宋、陳、蔡等四國國君到會，看見齊國沒有用兵車，都心悅誠服地歎道：「齊桓公真正是真誠待人。」隨即各自將本國的兵車退駐於 20 里之外。五國諸侯相見禮畢，訂立了盟約，共同扶傾濟弱，以匡周王室，並推薦齊侯爲盟主。

此後，齊國又與魯、衛、鄭、曹會盟，使齊桓公威望布於天下，德名遠播諸侯之中。當然，齊桓公這種奉天子以會諸侯的謀略，隨著時局形勢的變化，後來演變成了「挾天子以令諸侯」，這是說的好聽一點，實際上，它就是人們常說的「拉大旗作虎皮，包著自己嚇唬別人。」

「奉天子以會諸侯」謀略的核心是真誠和團結。以真誠之心待人，爭取和團結合作者，才可能受到人們的尊敬和擁戴，事業才會越來越發達。

16 善於利用貴人才會有更多的機會

春種秋收，需要不斷的投入和辛苦的經營。人與人的關係同樣如此。要想從貴人那裏源源不斷地汲取精華，得到多個貴人的幫助，就必須用心經營，廣開門路。

要想事業發達，先要選對人。

這裏的「選對人」是指最好能夠先行選擇一個能夠賞識自己的人。古代政治尤其是亂世中的政治家講究擇主而從。跟錯了對象，即使你有經天緯地之才也無從施展。而一旦選擇了一個慧眼識珠的明主，也就等於成功了一半。

十六國時期前秦的君主苻堅與丞相王猛相知相得，長期互相信任和支持，融洽無間，這在當時那種動盪的年代也十分難得。王猛出身貧賤，少以鬻箕畚爲業，博學好兵書，懷佐世之志。東晉永和 12 年，經尙書呂婆樓的推薦，王猛見到了前秦東海王苻堅，兩人一見如故，談得十分投機。對天下大事的看法大都不謀而合。苻堅無比興奮，把他遇到王猛比作劉備遇到了諸葛亮。

前秦是氐族所建立的政權，當時正處於從奴隸制向封建制轉化的階段，無論是出於對內促進封建化的需要，還是對外防衛的需要，都要求加強中央集權，抑制氐族奴隸主貴族的勢力。正是在這一點上，苻堅和王猛取得了共識，因此，在苻堅於升平元年六月殺掉苻生，奪得政權之後，便對王猛倍加重用。王猛則全力以赴，建立法制，加強集權，狠剎權貴的氣焰。

始幹縣聚居著許多從枋頭遷來的氐族貴族豪強，在當地橫行不法。苻堅就讓王猛兼任始幹令。王猛上任後，明法峻刑，禁勒豪強，雷厲風行，大見成效。然而也招來了豪強的報復，有人告他無故鞭殺一吏，執法機關便將他逮捕下獄。苻堅親自審問他，問他爲何到任不久便殺戮無辜、施以酷政。王猛大義凜然地答道：治寧國用禮，治亂邦用法。陛下令臣治理如此重要之地，臣決心剪除凶猾。如今才殺一人，所餘還有上萬。若責臣以除暴不盡，執法不嚴，臣甘願受罰，至於酷政之罪，臣實不敢接受。苻堅聽後，心裏已明白，便向群臣宣佈王猛無罪，並當眾讚揚他：「王景略（王猛字）固足夷吾（即管仲）、子產之儔也。」

王猛日益被苻堅重用，引起氐族勳貴的嫉妒。氐族大臣樊世自恃開國元勳，尤爲不服。他曾當眾羞辱王猛：我輩與先帝共興事業，而不預時權；君無汗馬之勞，何敢專管大任？是爲我耕耘而君食之乎！

王猛毫不客氣地回敬道：「方當使君爲宰夫安直耕稼而已。」即非但使君耕之，還將使君炊之。

樊世聽了勃然大怒，威脅道：「要當懸汝頭於長安城門，不爾者，終不處於世也。」我若不把你的腦袋掛到長安城門上，誓不爲人！

王猛將此事報告苻堅，苻堅說：「必須殺此老氐，然後百僚可整。」不久，樊世進宮言事，當場與王猛發生爭執，樊世破口大罵，穢言不堪入耳，後來竟揮動拳頭擊向王猛，被左右攔住。苻堅當即下令將樊世斬首。一些氐族貴族不服，紛紛讒害王猛。朝官仇騰、席寶利用職務之便，屢屢對苻堅詆謗王猛，苻堅則將二人趕出朝堂；對那些說王猛壞話的氐族大小官員，苻堅將他們痛罵一頓，有的甚至當場鞭撻腳踢。從此以後，公卿貴族見了王猛無不畏懼。

東晉升平三年，王猛從尚書左丞遷爲咸陽內史，又遷侍中、中書令、領京兆尹。京兆是氐族貴族最集中的地方，苻堅讓王猛領京兆尹，目的是要殺一殺他們的氣焰，進一步加強王權。王猛果然不負所望，一上任，就把強太后之弟，特進、光祿大夫強德抓了起來。此人自恃皇親貴戚，酗酒驕橫，掠人財貨子女，民憤極大。王猛將他處死，並陳屍於市。數十天內，被處死的違法犯罪的權豪有 20 餘人。京兆風氣爲之一變，權豪們個個心驚膽戰。苻堅見收效如此之大，不勝感慨地說：「吾今始知天下之有法也，天子之爲尊也！」

這年 10 月，王猛第三次遷官，爲吏部尚書，不久，再遷爲太子詹事、左僕射。12 月，又遷爲輔國將軍、司隸校尉，居中宿衛。他一年之內，五次遷官。此時，王猛僅 36 歲。以後又任丞相、中書監、都督中外諸軍事等職。他身兼數職，權傾內外。

在中國古代，像王猛這樣的謀士，要想建功立業，必須選擇好輔佐對象。如所擇非人，即使有超人的智慧和才能，亦是徒勞。只有所輔對象英武有爲，謀士的才幹才能得以發揮，才能幹一番事業。王猛擇明主於患難之時，苻堅識英雄於草創之先，君臣二人珠聯璧合，相得益彰。因而二人能在十六國紛亂的年代裏大顯身手。

王猛自升平元年至寧康三年，前後輔佐苻堅 18 年之久，竭盡全力，傾其文韜武略，的確幹出了一番事業來：他拔舉幽滯賢才；外修兵革，統軍滅群雄；內崇儒學，勸課農桑。而其君主苻堅對王猛則放手重用，信任備至，史稱：「軍國內外，萬機之務，事無巨細，莫不歸之。」苻堅自己則「端拱於上」（端坐拱手於朝堂之上），這使得王猛可以獨立自主地處理軍政，工作效能因此大大提高。在君臣二人齊心協力的治理下，前秦國富兵強，戰無不克，成爲當時諸國中最有生氣的國家，並且初步統一了中原地區。十分天下，秦居其七。東晉政權已感到巨大的壓力，無人再敢「北伐」；前秦境內，也是一片小康景象。

王猛對前秦功不可沒。苻堅曾情不自禁地誇獎王猛：「卿夙夜匪懈，憂勤萬機，若文王得太公，吾將優遊以卒歲。」苻堅把王猛比之於「文武足備」的姜尙，可見信寵之重。而王猛卻十分謙虛地回答道：「不圖陛下知臣之過，臣何足擬古人！」苻堅又肯定地說：「以吾觀之，太公豈能過也。」認爲王猛勝過姜太公。苻堅還經常教導太子苻宏和長樂公苻丕等人：「汝事王公，如事我也。」

寧康三年六月，王猛積勞成疾，病情日益加重，苻堅親自爲之祈禱，並派侍臣遍祈於名山大川。其間，王猛病情略有好轉，苻堅欣喜異常，特地爲之赦免誅死以下罪犯，以示慶賀。7月，王猛病勢轉危，苻堅親到王猛家中探望，並問以後事。王猛以其非凡的洞察力，在生命彌留之際，向苻堅進言：「晉雖僻陋吳越，乃正朔相承。親仁善鄰，國之寶也。臣沒之後，願不以晉爲圖。鮮卑、羌虜，我之仇也，終爲人患，宜漸除之，以便社稷。」言畢而終，時年 51 歲。

苻堅悲痛萬分，三次親臨哭祭，並對太子宏說：「天不欲使吾乎一六合邪？何奪吾景略之速也！」苻堅按照漢朝安葬大司馬大將軍霍光那樣的最高規格，隆重地安葬了王猛；諡爲武侯，如蜀漢諡諸葛亮爲忠武侯一樣。苻堅常把自己與王猛的關係比之爲劉備與諸葛亮的關係，但劉備長諸葛亮 20 歲，而苻堅卻小於王猛 13 歲。所以儘管有君臣名分，苻堅卻始終把王猛視爲兄長。現在王猛離他而去，使苻堅頓如失去左右手，他時時沉浸在懷念王猛的悲痛中，常常潸然淚下，過度的憂傷與焦慮，使苻堅在王猛去世後半年就鬢髮斑白了。

苻堅在王猛死後最初的年份裏，恪守王猛遺教，兢兢業業、踏踏實實地處理國政，並迅速滅掉苟延殘喘的前涼和代國，完全實現了北方的統一，東夷、西域 62 國及西南夷都遣使前來朝貢。東晉的南鄉、襄陽等郡也被攻奪下來。前秦臻於極盛。遺憾的是，苻堅後來忘了王猛的臨終遺言，在王猛去世 8 年後，兵敗淝水，統一天下的願望化爲泡影。苻堅在淝水慘敗後痛悔自己忘記王猛遺言而鑄成的大錯，但後悔已晚，終成千古之憾。

17 權威人物的力量不可不借

借力要講究效率，借用什麼人的力效率最高，就要在什麼樣的人身上下最大的力氣。

先秦時期，有一位著名思想家叫荀況，他的文章《勸學》有這麼一段膾炙人口的論述：

「登高而招，臂非加長也，而見者遠；順風而呼，聲非加疾也，而聞者彰。假輿馬者，非利足也，而致千里；假舟楫者，非能水也，而絕江河。君子生非異也，善假於物也。」意思是說，登上高處，揮動手臂，在很遠處也能看到；順風呼叫，聲音並不宏亮，但聽的人卻覺得很清楚。借助車馬，不用使腿跑的很快，能行千里之遠；借助舟船，不用水性多好，能渡過大江大河。君子聖人本身並沒有什麼特殊之處，只不過善於借助和利用客觀條件罷了。

荀子的論述，形象生動，趣味橫生，寓意深遠。它揭示了社會競爭的一條重要謀略，即借助外力。社會是人群的集合，每個人都在孜孜以求，奮力拼搏，無數個體的競爭之力匯合起來，構成了巨大的社會力量。單獨的個人力量與整個社會的力量比較起來，如滄海一粟，高山一草，畢竟太小了。要想做出一番像樣的事業，就不能僅僅局限於自身，必須眼睛向外，向上，向下，尋找一切可以利用的力量，借為己用。

「好風憑藉力，送我上青雲」。俗話說：一個籬笆三個樁，一個好漢三個幫。說的就是這個道理。

借力，有多種途徑，而借助權威人物的力量，便是其中之一。權威人物，是指在社會生活中影響深遠的人物，既包括那些握有大權的政治要人和掌握雄厚經濟實力的強人，也包括無權無錢然而眾望所歸的人物。權威人物特殊的社會地位和深廣的影響力，使其能為人們的社會競爭提供莫大幫助。

東漢末年，漢室衰微，群雄並起。曹操在鎮壓黃巾軍以後，有了一定的地盤和兵力，但還不足以號令天下，因此他想把在洛陽的漢獻帝迎到自己佔據的地盤——許昌。但是，有人反對。這時謀士荀彧見曹操，說：「過去漢高祖東伐時為義帝舉哀而天下歸心。自從戰亂以來，將軍首倡義兵，聲討董卓，已經表明了將軍安定天下的志向。現在車駕旋軫，東京荒蕪，在這時如能奉主上以從民望，秉至公而服雄傑，天下雖然有叛逆的人，一定不能奈我何。如果不快速決斷，天子就要被別人奪走，那時就晚了。」曹操立即採納了這個意見，親自到洛陽把漢獻帝迎到許昌。曹操把獻帝迎到許昌之後，在政治上佔據了優勢，漢獻帝拜他為大將軍。此後的數年時間裏，曹操憑藉漢天子的名義和威望，東征西討，終於統一了中原。

魏晉時期大將司馬懿也很會利用權威人物的力量。諸葛亮六出祁山，與司馬懿相持在五丈原。司馬懿根據蜀軍乏糧的弱點，採取堅守不戰的策略，諸葛亮派人給司馬懿送去婦人巾幗，想激他出戰，司馬懿不上其當。可是，部將賈詡、魏平等人看到司馬懿甘忍受辱，十分不滿，說：「公畏蜀如畏虎，豈不被天下笑。」看到部下這種求戰心理，司馬懿十分不安，便向魏明帝寫了一封信，請求魏明帝對前方戰事做出明確指示，並暗示想以明帝的詔示，遏止諸將的激憤心情。魏明帝馬上派人傳諭勿戰。於是，魏兵按兵不動，與蜀相持。不久，諸葛亮病故，蜀兵不戰自退。

陳勝、吳廣發動秦末農民大起義的時候，也採用了借助權威人物之力的技巧。爲了鼓動起義，他們抬出了扶蘇和項燕這兩塊招牌。扶蘇本是秦始皇的太子，由於在政見上和父親相左，被派往北方蒙恬軍中。9 個月前，當秦始皇病死沙丘之際，扶蘇的小弟胡亥和趙高勾結，發動宮廷政變，假造詔令，自己接了皇位，扶蘇被處死。但宮廷政變純系上層統治者的陰謀活動，當時一般人並不知扶蘇真的已死。項燕原是楚國大將，和士兵關係較好。他早在秦統一前爲秦軍所殺，但當時人「或以死，或以爲亡」，說法不一。扶蘇和項燕，一爲當今皇帝秦二世處死，一爲秦朝所殺。把他們二人抬出來作爲反秦的號召，實在是理想人物。陳勝找了兩個人，讓他倆冒充扶蘇和項燕，借用他們的名字，進行反秦起義和奪取政權的思想鼓動，推動了中國歷史上第一次農民起義的爆發。

要想成就一項事業，就必須正視權威人物的態度，必須贏得他們的支援，這樣可以少走許多彎路；否則就會碰壁，吃苦，跌跟頭。

因此，對於現代社會的競爭者來說，正確認識和對待權威人物的力量，具有舉足輕重的意義。

經營者的小故事

適當的成本產生完美效益

在一個村莊裏面，有個農民養了條牧羊狗看管羊群。

有人不解地問他，養一隻食量很大的狗究竟能做什麼用，還不如把它送給村裏的財主老爺，只有他養得起這種食量大的狗。至於看羊，只要養幾條小狗就可以了。再說了羊一般情況下又不跑，也不會遭遇到什麼危險。

農民聽了這話，一想在理，為了節省開支，就用這條牧羊犬與當地的財主交換了三隻小狗。

此後，他的開銷果然小了很多。可是這三條小狗，膽子很小。

有一次農民外出，狼突然襲來，小狗一看見狼，就嚇得渾身哆嗦。它們不敢與狼搏鬥，馬上就開溜了。

狼滿意地對羊群大開殺戒，等到農民回來的時候，發現狼早已經跑得無影無蹤了，自己的羊全被狼咬斷了脖子，三隻小狗也不知道跑到了那裏。

管理心得：牧羊人為了省下養狗的費用，結果失去了自己的羊，企業過於節省成本往往會導致產品品質下降、行業競爭能力削弱和抗風險能力減小。但是，很多企業仍然常犯這樣的毛病，就是為了可以在短期內提高企業盈利。

18 巧借第三者力量，更容易成事

爲了借力成功，有時必須爭取到與權威人物關係較密切的「第三者」從中週旋。這裏的「第三者」，並非「三角戀愛」中的第三者，而是指社會競爭者和權威人物之間的第三者。第三者的構成多種多樣，一般說來無非是指妻子、兒女、兄弟姐妹、同鄉同學、老同事、老部下等。第三者是一支規模宏大的隊伍，是社會競爭者不可小視的力量。

古典小說《水滸》裏，有一段打通「枕頭關節」的描述，宋江等梁山好漢，替天行道，想要接受招安。爲實現這一目的，他們派浪子燕青去東京，走動受天子寵愛的名妓李師師的關係，讓李在天子面前爲梁山好漢進獻美言，勸說天子實行招安。

宋江不愧爲梁山一百單八將的首領，懂得打通「枕頭上關節」，向天子「吹枕邊風」。然而從整個歷史上看，同那些善於借助第三者的先人相比，宋江之所爲也不過是依樣畫葫蘆。

春秋戰國時期，秦使者張儀遊說楚懷王，要他與齊國絕交。懷王大怒，把他拘捕下獄，並要斬首示眾。早被張儀買通的楚大臣靳尙想救出張儀，可又恐力量有限，不足以說服楚王。於是，靳尙找到楚懷王之妃鄭袖，巧言利害，徵得了鄭袖的支持。鄭袖在楚懷王面前刮了一通「枕邊風」，懷王便放了張儀。

齊湣王時，孟嘗君田文使秦，被秦昭王軟禁起來。孟嘗君身陷危境，十分驚恐。爲了使秦王改變主意，離秦回國，他通過關係找到秦王寵愛的樊姬，送上一件銀狐裘，以打通關節，讓樊姬在秦昭王面前代爲美言。樊姬終於說服秦王放了孟嘗君。

呂不韋也是借用「第三者」的老手。他爲了使秦王立在趙國爲人質的孫子異人爲太子，巧於算計，妙用心機，不惜重金，遊說華陽夫人。在華陽夫人的努力下，秦王終於同意，立異人爲太子，不久異人繼位爲君，呂不韋本人如願以償，從一位商人榮升爲宰相。

借用「第三者」之力，也即利用社會關係之力打通關系。歷史上的反動人物利用這一方略，做了許多傷天害理的勾當，寫下了一頁頁罪惡的篇章，但英雄豪傑也採用這種方略，做出了轟轟烈烈的偉大事業。

歷史事實證明，借「第三者」方略從事社會競爭，對「第三者」的力量更加不可忽視。

心得欄 ------------------------------------

----

19 要善於借力，不要借刀殺人

善於借力是一種智慧、一條捷徑，正人君子用之做正事會事半功倍，奸邪小人用之做壞事也會效力倍增。其中，借力的一種表現形式是借刀殺人，更把借力的技巧用到了極端。

殺人而要借刀，即是假手殺人的意思。在本身沒有辦法，環境受到限制的時候，自己不動手，叫別人去執行殺人的意圖，這就叫借刀殺人，借刀殺人是三十六計之一。

《兵經·借字》中說道：「艱於力則借敵之力，艱於誅則借敵之刀……吾欲為者誘敵役，則敵力借矣；吾欲斃者詭敵殲，則敵刃借矣……令彼自鬥，則為借敵之軍將。」意思是說，兩軍交戰之中，一時難於力取的，可以借敵人的力量；一時難於殲滅的，可以借助敵人之刀刃。我想奪取的地方，可以借助敵人力量為我代勞；我要殲滅的力量，可以定計，騙得敵人為我殲滅。然而利用反間計，挑得敵人內部相互猜疑，彼此爭鬥，這也是借敵制敵的妙用。三國時期的諸葛亮，對這個「借」字的文章就做得頗為出色。

正當諸葛亮忙於出師南征之際，探馬飛報「孟獲大起蠻兵十萬，犯境侵掠，邊境上新降的幾位太守雍闓、高定等趁機結連孟獲造反」，諸葛亮立即率兵迎敵。當雍闓、高定兵分兩路偷襲蜀營時，被蜀軍殺得大敗，許多雍、高將士被蜀軍生擒活捉，諸葛亮在這些戰俘身上打開了主意。他把雍、高被俘的將士分別囚禁，然後暗地叫本部軍將撒謊傳謠說：「高定的人免死，雍闓的人盡殺。」接著諸葛亮傳令提取雍闓方面的戰俘到帳前問話，人人都怕殺頭，都謊稱自己是高定的部下，而不敢說是雍闓的人馬。諸葛亮聽他們冒稱自己是高定的人，證明他們相信本部傳出的謠言謊話，也就佯裝糊塗，均按高定部下對待，並「與酒食賞勞，令人送出界首」，全部放歸。

這些「送出界首」的人跑回雍闓部隊後，都說高定暗中背叛了雍闓，投靠了諸葛亮。諸葛亮在營中，又設宴招待高定的真正部下，並編造謊言說，雍闓已派人前來聯絡投誠，欲獻高定、朱褒二人「首級」。戰俘回去後，以訛傳訛，替諸葛亮當「小廣播」。於是諸葛亮利用放回去的俘虜在雍、高中間播下了互相猜疑的種子。

緊接著，諸葛亮又把捕獲的高定派遣的密探，故意錯認爲是雍闓的部下，「修書一封」，信中密令雍闓「早早下手，休得誤事」，交給「密探」帶回送給雍闓。「密探」回去把信交後，高定信以爲真，拍案而起，大罵雍闓是個忘義之徒，決心先下手爲強，率領精兵連夜偷襲雍闓營寨，割了雍闓的腦袋，直馳諸葛亮營寨敬獻首級，討好諸葛亮。

當高定提著雍闓的頭去見諸葛亮時，他明知道是真心誠意來投誠的，卻謊稱是高定詐降而來，喝令左右推出斬首，並對高定謊稱「朱褒已使人密獻降書，說你與雍闓結成生死之交，豈肯輕易反目殺掉他，我知道高定是借人頭詐降的」。這番謊話又激得高定在諸葛亮面前立下軍令狀：「誓擒朱褒來見丞相」。

諸葛亮佯裝給他立功贖罪以表真心投誠的機會，准予前去。果然，高定乘朱褒不備，偷襲了朱的營寨，殺了朱褒，提著朱的頭，帶領全部叛軍投降了蜀營。

到此，諸葛亮一連串的挑撥離間，挑起敵軍內部矛盾，借敵人之力量，借敵人之口，借敵人之刀劍，借敵人之將士，誘騙敵人自相殘殺，而實現了殺掉自己想殺的人，達到「不必親行，坐享其利」的目的。諸葛亮這次借刀殺人中的「借」字文章是做得超群出眾的。

春秋戰國時期，楚昭王即位，以囊瓦爲相國，和郤宛、鄢將師、費無極同執國政。

一次，郤宛率軍出征吳國，大獲全勝，俘獲了許多兵甲，昭王大喜，把所獲兵甲賜一半給他，而且對他十分信任，遇事就和他商量。

費無極見此十分妒忌，就和鄢將師串通好設計陷害郤宛。

一天，費無極對相國囊瓦說：「郤宛有意請客，托我來轉報，不知相國是否賞光？」

囊瓦立即回答：「既然相請，那有不赴之理？」

接著，費無極又去對郤宛說：「相國早有意想在貴府飲杯酒，大家歡聚一下，不知你肯做東道主否？現在托我來問一問。」

郤宛見是好事，毅然答應：「難得相國肯賞臉，真是榮幸之至！明天我就擺桌恭候，煩你先去報告！」

費無極說：「不忙，既然相國要來，你準備送他什麼禮物？」

「你想得真週到。」郤宛說：「不知相國喜歡什麼？」

費無極沉思了一下說：「他身為相國，金錢美女不稀罕了，惟有堅甲利兵，他最感興趣，平日也提起過，對皇上賜給你的吳國兵甲十分感興趣，來你家赴宴，無非是想參觀一下你的戰利品罷了。」

「這個很容易。」

郤宛當即叫人拿出戰利品來，費無極幫著挑選出其中的100件，告訴郤宛：「這些夠了，你把這些放在門邊，相國來時，必問此事，到時你就拿給他看，乘機獻給他。」

郤宛信以為真，就將那百件兵器和被俘吳兵安排在門內，用布帳圍起來。次日，郤宛大擺筵席，宴請囊瓦等人。正當囊瓦要啓程赴宴時，費無極卻說：「郤宛近來態度十分傲慢，這次設宴又不知其中有何緣故，人心不可測，待我先去探聽一下，再去也不遲。」相國同意讓費無極先去探測一番。

不一會，費無極急匆匆地跑回來，氣急敗壞地說：「事情不好，郤宛這次設宴，不懷好意。我見他門內暗藏甲兵，殺氣騰騰，相國若往，一定凶多吉少。」

囊瓦一聽，猶豫不決，說：「我和郤宛平日並無仇恨，想必不會這樣吧？」

費無極乘機挑撥說：「郤宛自恃征吳有功，又深得昭王寵倖，早有對相國取而代之的野心了。此次伐吳，本可一舉滅吳，但由於受到吳國賄賂，半途班師回朝，想在本國打主意。」

他的這一番話把囊瓦的主意打亂了，但囊瓦還不太相信，又派心腹去郤宛家探個明白。

心腹回來報告說：「真有其事」。囊瓦氣壞了，派人把鄢將師叫來，告訴他這件事，並問他如何處置。

鄢將師是早與費無極串通好的，見機會來了，就添油加醋地說：「郤宛想造反，正想篡奪國政，幸虧今日發覺得快，再遲就後悔莫及了。」

「可惡也」，囊瓦刷地把劍抽了出來，狠狠地說：「我要宰了他！」

當即奏請昭王，命令鄢將師率兵包圍郤宛的家。

郤宛這時才知道中了費無極設下的圈套，欲訴無門，含冤引刀自刎而死。

心得欄 ------------------------------

----

20 經營者要沉著應對突如其來的變故

臨亂不驚是經營者的一個重要素質，這一素質與經營者的判斷能力息息相關。凡是遇事沒有主見，人云亦云自亂陣腳的人，首先因爲他對形勢不能獨自做出理性的分析和判斷，又那裏談得上沉著與冷靜呢。

◎經營者要處變不驚

漢成帝建始年間，關內連下了 40 多天大雨，京城裏的民眾驚慌起來，都喊：「大水來了！大水來了！」百姓們到處奔走，相互踐踏，老弱呼號，長安城中大亂。

大將軍王凰認爲皇太后和皇帝可以乘船，其他官吏和民眾可以上城牆去避水。這時群臣都聽從王凰的意見，只有右將軍王商說：「自古以來，無道的國家，大水尚且不會衝進城郭，今天爲什麼會有大水在一日之內就暴漲進城呢？這必定是謠言。不應該讓官吏百姓到城牆上去，那樣會使百姓遭到更嚴重的驚擾。」因此，漢成帝沒有下令。過了一會，秩序稍微穩定下來，派人查問，果然是謠言。於是漢成帝十分讚賞王商的冷靜沉著及遇事有主見。

北宋仁宗天聖年間，曾經下大雨。傳言說：汴河水決口了而且水勢很大。所有的人都感到恐慌，想往東邊逃。皇帝就此事問王曾。王曾回答說：「汴河決口，地方官沒有上報，必定是謠言，不必憂慮。」不久事情就弄清了，果然如此。

明嘉靖年間，東南沿海經常受到倭寇的騷擾。蘇州城實行戒嚴，忽然傳說倭寇從西邊打來，已過滸墅。太守立即率領官兵登城，急忙命令關閉城門。這時附近鄉村裏逃避倭寇的百姓有幾萬人，都湧到城門外，號呼震天。同知任環見此情景憤慨地說：「還沒有見到倭寇就先拋棄了良民百姓，這能算是州郡的長官嗎？如果出了什麼問題由我任環擔當。」於是就分頭派遣縣裏的官吏把六處城門通口打開，放城外的百姓進來。而他自己則仗劍率兵，坐在接官亭內準備阻止來自西路的倭寇。鄉民們都進入城內之後，過了好久，倭寇才到。任環的這一行動救了許多百姓的命。吳地的民眾至今還在紀念他。

明神宗萬曆年間，無錫某鄉，搭台演戲娛樂。有人到戲臺上打架，演員們來不及脫下身上的戲袍就倉皇逃避。看戲的人也紛紛退場。這時在觀眾中有人開玩笑說：「倭寇來啦！」這句話很快就傳播開來，還有的人說自己親眼看見穿著錦衣的倭賊，因此城門在白天就關閉了。城外的人要進城，互相擁擠、踐踏，死了近百人，一直到天黑才安定下來。這件事雖然是附近一些人妖言惑眾引起的，但從官府方面來看，也有辦事不沉著不老練的過錯。按照一般的要求，在戰爭時期應該派人員到較遠的地方進行偵探。如果倭寇已經臨城，那就更要冷靜沉著，使人心不亂，而後，才能討論是戰是守的問題。如果是謠言，那就應當進行闢謠，決不能放任不管。

唐玄宗是一個善於制止謠言的人。唐開元初年，在民間流傳謠言，說皇上要來挑選女子去當嬪妃。唐玄宗聽說之後，就命令選出後宮中多餘的嬪妃，送她們還家，於是謠言也就平息了。「要制止誹謗，最好的辦法是拿出自己修身的實際行動來。」

由此可見，心平氣和的領導氣質、定力深厚的領導素養都不是憑空而來，是以對事情能夠由表及裏的見識爲基礎的。

◎有充分的準備，就能以不變應萬變

有句諺語：「車到山前必有路，船到橋頭自然直。」也就是說，車開到大山前面總會找到通行的道路，船行駛到橋樑下面自然會緩慢直行。人遇到艱難險阻或意想不到的新問題，總是會想出解決應付的辦法，找到繼續前進的途徑。因此，遇事首先需要保持冷靜、自信，相信自己有辦法、有能力處理好。

順其自然看似消極應變，其實，利用得好也是一種十分積極的領導技巧。順其自然首先體現了從容鎭定的風度。

相傳，唐朝著名詩人王維在一次出遊的途中，來到一條大江邊。此時，雖然大江阻攔了他的去路，但他既沒有急忙去尋覓渡江的碼頭，也沒有匆匆往回返，而是悠閒從容地坐在江邊的草地上，心情平靜地欣賞著天上的雲起雲落、雲聚雲散，品味著這些雲彩在時快時慢中變幻不定的圖案。就在這種極其寧靜致遠的心境中，王維吟出了富含禪意的千古名句：「行到水窮處，坐看雲起時。」

「既來之，則安之。」承認既成事實，安下心來從容應付。這實際上表明一個人的心理應變和承受能力。客觀事物的發展變化往往出乎人的意料，迫使人不得不適應新的情況，應付新的問題。在新情況和新問題面前，迅速調整心理波動造成的失衡狀態，平心靜氣地考慮和處理面臨的問題，才是求實務實的處事態度。怨天尤人、自暴自棄，不利於適應和處理新的情況。

順其自然同時體現了靜觀發展的耐性。任何事物都有一個發生、發展直至最後消亡的過程。因此，當事情剛剛發生，或沒有充分暴露其本質時，採取順其自然的策略，靜觀發展變化，往往是最恰當的應變方法。

宋朝名將王德用任定州路總管時，軍紀嚴明，練兵有方，部隊士氣很高。一天，部屬瞭解到有一個契丹間諜混進了軍營，立即向王德用報告，並請示將這個間諜抓起來殺掉。王德用說：「一個契丹間諜不足爲怪。我軍訓練有素，嚴陣以待，還怕契丹來犯不成？」第二天，王德用照常組織訓練，並舉行了盛大的閱兵活動，士卒們個個生龍活虎，精神振奮。王德用還命令將士：「作好充分準備，聽我的旗鼓行動。」契丹間諜將在宋營裏的所見所聞報告契丹王，契丹王以爲宋軍將大舉進攻，趕忙派人同王德用等議和。

順其自然還體現了細謀高招的韜略。當事件發生後，急躁、簡單地應變，一般都難以收到好的效果。只有從容應付，才可能尋找到解決問題的最佳方案，妥善處理好出現的問題。

經營者的小故事

富翁的死因

天冷得出奇，年邁的富翁坐在爐火旁豪華的坐椅上取暖，熊熊的火焰照亮了富翁肥胖的臉龐，漸漸地富翁覺得身上發燥，臉上發燒，爐火太旺了。

富翁環顧四週：「怎麼四個傭人只來了三個？」

那三個傭人告訴富翁：「另外一個傭人跟管家請假了。」

富翁沒有吭聲，他繼續坐在豪華的坐椅上烤著爐火。要吃午飯了，富翁頭暈得怎麼也站不起來。醫生趕來，富翁高燒達39.4℃！醫生說：「這都是爐火溫度過高造成的。」

高燒引起的併發症非常嚴重，在富翁彌留之際，醫生問富翁：「這麼多傭人為什麼不把坐椅往後挪一挪，離爐火遠點？」

富翁艱難地告訴醫生：「不能怪他們，他們都是有分工的，今天負責把椅子往後挪的傭人請假沒來。」醫生無奈地看著奄奄一息的富翁感慨萬千。

管理心得：制度的作用在於讓人各司其職。然而管理的真正內涵恰恰在制度之外，也就是對異常的應變，而應變的標準應是始終把握住企業的根本利益與核心目標。

21 謀事以密，就能後發制人

經營者謀劃大事最重要的一條就是保密。只要能做到保密，就能讓事情的進展盡在自己的掌握之中。經營者的智慧與「定力」的關係，其實定力不是什麼虛無的東西，而是以充分的準備爲前提的。謀大事卻沒有保密，必置自己於被動挨打的境地，即使具有所謂慷慨赴死的定力又於事何補？準備充分、保密到位，自然能做到氣定神閑。

《韓非子·說難》篇曰：「事以密成，語以洩敗。」

唐玄宗先天元年，武聖則天的女兒太平公主倚仗著太上皇睿宗的勢力專擅朝政，與玄宗發生了尖銳的矛盾衝突，朝中七位宰相之中，多半是她的黨羽，文臣武將之中也有一半以上的人依附於她。尙書右僕射劉幽求與右羽林將軍張煒商議，計劃調集羽林兵將他們一網打盡，並要張煒秘密地向玄宗報告，玄宗點頭同意。不料事後張煒將這一計謀洩露給了侍御史鄧光賓，玄宗見計謀敗露，只好採取捨車保帥的計策，主動地將劉、張的密謀上奏給太上皇，劉幽求、張煒、鄧光賓等均被流放。玄宗第一次密謀打擊太平公主集團，因計謀敗露而遭到夭折。

次年，即玄宗開元元年，玄宗與太平公主的交鋒更加頻繁，玄宗的重要謀士王琚對玄宗進言道：「形勢十分緊迫，陛下不可不迅速行動了。」尚書左丞張說從東都洛陽派人給玄宗送來一把佩刀，意思是請玄宗及早痛下決心。這年七月初，門下省侍中魏知古又告發太平公主等計劃在本月四日發動叛亂，指使其黨羽常元楷、李慈等率領羽林軍突入武德殿劫持皇帝，另派其黨羽竇懷貞、蕭至忠等人在南牙舉兵回應。千鈞一髮，迫在眉睫，玄宗於是與歧王李范、薛王李業、郭之振以及龍武將軍王毛仲等人密謀，決定先下手爲強，提前一天誅除太平公主集團。

7 月 3 日，唐玄宗通過王毛仲調動閑廄中的馬匹以及楚兵 300 餘人，從武德殿進入虔化門，召見常元楷和李慈兩人，並將他們斬首，在內客省內活捉了太平公主的黨羽賈膺福和李猷，在朝堂上逮捕了蕭至忠和岑羲，下令將上述四人一起斬首。竇懷貞逃到城塹之中自縊而死，玄宗下令斬戳他的屍體。太上皇唐睿宗聽到事變的消息後，登上了承天門的門樓，郭元振上奏太上皇說:「皇帝只是奉太上皇的誥命誅殺竇懷貞等奸臣逆党罪狀，並沒有發生什麼其他的事情。」玄宗隨後也來到了門樓之上，睿宗於是頒發誥命列舉竇懷貞等奸臣逆党，並大赦天下，只有逆臣的親黨不在赦免之列。

7 月 4 日，太上皇唐睿宗發佈誥命說:「從今天起，所有的軍國政務與刑賞教化，均由皇帝作主處理。朕正好清靜無爲，頤養天年，以遂平生之夙願。」

太平公主逃到山寺中，直到事發後的三天才出來，被唐玄宗下詔賜死在自己的家裏，她的兒子以及黨羽之中因爲此次事變而被處死的達數十人。唐玄宗此次密謀由於高度保密，而得以成功；相反，太平公主的密謀由於被洩露，反被唐玄宗先下手為強而告失敗。「事以密成，語以洩敗。」由此再次得到證實。

玄宗的成功，保密工作的到位無疑十分關鍵。反觀歷史，因洩密而導致功敗垂成的例子不可勝數，這一教訓是每一位經營者應時時記取的。

經營者的小故事

名醫治病

扁鵲家有三兄弟，都以從醫為生。

魏文王為此感到好奇，便問扁鵲說：「扁鵲，你們家既然都從醫，那相比之下，你們誰更厲害呢？」扁鵲答道：「我們醫術都差不多。」魏文王更奇怪了：「既然是這樣的話，為什麼你兩個哥哥的名氣不如你呢？」

扁鵲謙虛地回答道：「首先是我的長兄，他經常在人們還沒有察覺出患病的時候將病人治癒，人們自然不崇拜他。」魏文王說：「哦？那接下來呢？」扁鵲回答道：「我的二兄，經常在病人剛有病的時候將其治癒。人們並不瞭解他的醫術，所以很膚淺地認識他。他在鄉裏還算有些名氣。」

「至於我，」扁鵲說道：「我能治癒重病。當人們看到我治病用的大件東西時，便認為我醫術高明，所以我的名氣最大。」

魏文王似懂非懂地點了點頭。

管理心得：事後控制不如事中控制，事中控制不如事前控制，可惜大多數的事業經營者均未能體會到這一點，等到錯誤的決策造成了重大損失時才尋求彌補。

22 以靜制動可保勝算在握

有句話叫嘴上沒毛、辦事不牢，說的是缺乏社會閱歷的年輕人辦事常常毛毛躁躁、丟三落四。細細想來這句話確有道理，年輕人定力不夠，多動少思自然容易出錯，只有以靜制動才能增加勝算的把握。

有這樣一個故事：

一天，一個農民牽著一匹馬到外地去，中午走到一間小吃店旁，他把馬拴好正準備進小店去吃飯，這時一個紳士騎著一匹馬過來，也將馬往同一棵樹上拴。

農民見了忙說：「請不要把你的馬拴在這棵樹上，我的馬還沒馴服，它會踢死你的馬的。」

但是紳士不聽，拴上馬後也進了小吃店。一會兒，他們聽到馬可怕的嘶叫聲，兩人急忙跑出來一看，紳士的馬已被踢死了。紳士拉起農民就去見法官，要農民賠馬。法官向農民提出了許多問題，可問了半天，農民裝作沒聽見似的，一字不答。

法官轉而對紳士說：「他是個啞巴，叫我怎麼判？」

紳士驚奇地說：「我剛才見到他時，他還說話呢？」

法官接著問紳士：「他剛才說什麼啦？」

紳士把剛才拴馬時農民對他說的話向法官覆述了一遍。

法官聽後「哎呀」一聲，說：「這樣看來你是無理的了。他事先曾警告過你，因此，現在他是不應該賠償你的馬的。」

這時，農民也開口說話了，他告訴法官，他之所以不回答問話，是想讓紳士自己把事情的所有過程向法官講明，這樣不是更容易弄清誰是誰非嗎？請看，這位農民以靜制動是多麼的高明。

以自己的安定、鎮靜來應付對手的喧嘩或浮躁不安，這就是以靜制動。《孫子兵法・軍爭篇》云：「以治待亂，以靜待嘩，此治心者也。」可見，以靜制動是一種很高明的謀略。

三國時，中郎將張遼按照曹操的命令屯兵長社。臨出發時，左右報告軍中有人謀反，引起全軍騷動。張遼對左右說：「不要亂跑，這不是全軍叛亂，只是有人在軍中製造混亂，想以此擾亂軍心罷了。」接著，他對軍中將領宣佈：「不謀反的人就安靜下來。」張遼帶著身邊的衛士數十人，在中軍帳中端立不動，部隊也得到了穩定。不一會兒，就將謀反的首犯抓獲。

前秦王苻堅領 90 萬大軍進攻東晉時，東晉執掌朝政的宰相謝安仍從容出遊，照常會見親朋好友，並命謝玄和他下棋。但是，在這平靜的靜觀之中，謝安瞭解到秦軍上下離心，將士厭戰。於是，他果斷地調兵遣將，大敗秦軍。李白曾在詩中贊道：「但用東山謝安石，爲君談笑靜胡沙。」

宋・蘇軾在《留侯論》中說：「天下有大勇者，猝然臨之而不驚，無故加之而不怒。」也就是說，在事變突然降臨時，總是不驚慌失措，對於無故而來的侮辱，也不會大發脾氣，能夠自製自強，控制自己的驚恐和憤怒，這才是大智大勇的體現。

古往今來，許多政治家、軍事家、謀略家都把處變不驚、鎮定持重視爲修養的重要內容。

西漢著名軍事謀略家趙充國，一生沉穩持重，謀慮深遠。他 76 歲統兵平定西羌時，朝中上自漢宣帝，下至文武百官，幾乎都主張立刻進攻。然而，趙充國分析當時的敵方態勢認爲，在諸多的羌族部落中，最強悍的是先零羌，這才是漢朝真正的敵人。而罕、開等部落比較弱小，他們受先零的脅迫，才與漢朝爲敵的。對於他們，可以用安撫的辦法加以招降。如果急攻猛進，罕、開兩部就有可能與先零結成牢固聯盟，這樣，反而會增加平定西羌的困難。

於是趙充國決定採取以靜待嘩的戰術，靜觀敵變。羌軍多次前來挑戰，趙充國卻按兵不動。敵兵屯聚日久，戒備開始鬆懈，內部矛盾也有所暴露。此時，趙充國按照預定方案，進攻先零，先零軍防備不及，丟棄輜重，渡湟水而逃。趙充國只讓部下士兵「徐行驅之」，不可迅速掩殺。由於道路狹窄，羌軍急切之間無法順利通過，結果擁擠中溺水而死者數百，斬殺和俘虜無數。繳獲羌人馬匹牛羊 10 萬餘頭，戰車 4000 餘輛。打敗先零羌後，趙充國果然未費一兵一卒，便收服了其他羌人部族。

當然，以靜制動不僅是一種策略，更是經營者定力的一種體現，要想擁有這一功夫，需要沉下心好好修煉才行。

23 把能人變成親信

親信的好處是忠誠，能夠無條件地支持你。能做大事的管人者善於把能人培植成親信，讓他以其才能忠誠地爲自己效命。

平定劉武周、竇建德和王世充後，唐初統一戰爭取得了決定性的勝利。秦王李世民於武德四年七月甲子，一路上「至長安，世民披黃金甲，齊王元吉、李世勣等25將從其後，鐵騎萬匹」，真可謂春風得意，威武十分。李淵「以秦王功大，前代官皆不足以稱之，特置天策上將，位在三公上。冬，十月，以世民爲天策上將，領司徒，陝東道大行台尙書令，增邑二萬戶，仍開天策府，置官屬。」

據史載，天策府的屬官計有長史、司馬各一人，從事中郎二人，軍咨祭酒二人，典簽四人，主簿二人，隸事二人，記室參軍事二人，功、倉、兵、騎、鎧、士六曹參軍各二人，參軍事六人。天策府實際上是李世民軍事上的顧問決策機構。

隨著機構的確立和地位的攀升，李世民的政治野心也隨之增長。就在平王世充時，李世民和秦王府記室房玄齡「微服」拜訪一位名叫王遠知的道士。王遠知說：「此中有聖人，得非秦王乎？」李世民據實相告，道士又說：「方作太平天子，願自借也。」李世民把這話一直記在心裏，「眷言風範，無忘寤寐」。

由此可以看出，李世民當「天子」的念頭原本已經有了，而李建成因「立嫡以長」的慣例成爲太子，當他看到、聽到、察覺到李世民的政治野心時，不能不「頗相猜忌」。

於是李世民與李建成之間的矛盾便日益公開，李世民也越來越覺得自己名正言順，向長兄挑戰的意味日漸明顯。

對於李世民來說，欲爲「天子」的思想一旦形成，接下來該做的事便是開始修路了。

李世民深知，要想實現自己的政治抱負，就必須有自己的政治勢力。關於這方面，其實早在晉陽起兵前，李世民便有所留心，在晉陽「密招豪友」，通過「推財養客」的手段，培植、結交了一些地方勢力，這些人對李世民「莫不願效死力」。

如果說此時的李世民是爲起兵反隋而網羅人才的話，似乎是無可挑剔的，而在李唐政權建立、其兄李建成被立爲太子之後，李世民借統一戰爭之機廣泛搜羅人才很難說絕無政治目的了。這一時期在他所搜羅的人才中有一名叫杜如晦的人，此人在隋時已被人視爲「當爲棟樑之用」的人物，平定長安後，李世民將他引爲秦王府兵參軍，不久又被李淵調離秦府，任陝州總管府長史。當時秦王府記室房玄齡向李世民說：「府僚者雖多，蓋不足惜。杜如晦聰明識達，王佐之才也。若大王守藩端拱，無所用之；必欲經營四方，非此人莫可。」

李世民聞聽大驚，道：「爾不言，只失此人矣。」李世民遂奏留杜如晦爲府屬。可見，此時的李世民已有「經營四方」的大志，而不甘於「守藩端拱」了。由於李世民對杜如晦、房玄齡等早期人才的搜羅，此風已開，這些才俊便逐漸開始形成了以秦王李世民爲核心的政治集團。

在統一戰爭中，李世民又乘機羅致了大批將才，使自己的手下有頗多名將。如在破劉武周時招撫的著名將領尉遲敬德，此人不但在洛陽之戰中救李世民於單雄信槊下，而且在後來的玄武門之變中也有上乘表現。又如屈突通，原爲隋朝大將，其人性剛毅，好武略，善騎射，後兵敗降唐，乃爲秦王府行軍元帥長史，並從平薛舉，又討王世充，功不可沒。

這樣的人才後來更多。再如劉師立，初爲王世充將軍，洛陽平定後，本當誅戮，但因秦王惜其才，特免其死，爲左親衛，成爲手下的親信。張公謹初爲王世充治州長史，降唐後，因李世勣與尉遲敬德的推薦，被秦王引入幕府成爲心腹。秦叔寶、程知節原從李密，後歸王世充，但他們認爲王世充「器度淺狹」，不是撥亂之主，非托身之所，故於兩軍陣前歸唐，又如侯君集、李君羨、田留安、戴冑都成了李世民的心腹愛將。

作爲一個有抱負、有遠見的年輕軍事家、政治家，李世民懂得，天下動盪不安之時，要靠軍事實力削平全國各地割據之雄，而要征伐戰鬥，就必須依賴於善戰的武將。這種方略是在戰爭時期所通用的。然而，戰爭畢竟是有階級性的，戰爭的目的是獲得政權，這個目的一經達到，方略就會變成另一種樣子，舊的方略便不再適用於新的形勢。這是因爲，政權只能由馬上得之而不可在馬上治之，這時，就需要文才儒學之士了。

用一個政治家的眼光來看待統一，李世民敏銳地感覺到文治之重於武功的好處。正是憑著這種延攬人才的思想，李世民引入並重用了儒生房玄齡和杜如晦。

房玄齡自幼聰敏，在隋時就已被「伯樂」視爲「必成偉器」的、有「王佐之才」的人才。李淵起兵後，房玄齡杖策謁於軍門，受到李世民重用，成爲軍中記室參軍，他「每軍書表奏，駐馬之成，文約理賠，初無稿草」。可見其寫作能力很強。房玄齡在秦王府十幾年中拿典管記，對李世民忠心耿耿。每次戰爭之後，「眾人競求珍玩，玄齡獨先收人物，致之幕府。乃有謀臣猛將，皆與之潛相申結，各盡其爲」。

昔在秦末，劉邦率軍攻入咸陽阿房宮，一些將軍們紛紛掠珍玩、擄女人，惟蕭何則直奔秦朝的籍簿和文冊。房玄齡有輕物重人之德，真是比之漢朝蕭何有過之而無不及。李世民身邊之所以有如此多的能人強將，與房玄齡的伯樂之德不無關係。再如杜如晦，在李世民領導的統一戰爭中，他爲李世民運籌帷幄，「時軍國多事，剖斷如流，深爲時輩所服」。

此外，李世民用人不避親，他所任用的自己的妻兄長孫無忌，從小就和自己是好朋友，隨後跟著李世民南征北戰立下汗馬功勞。能人能解決一般人解決不了的問題，不管經營者願意不願意，如果你想成事，就必得倚重他。但能人的通病是自視清高，經營者必須以十分真誠和高超的手段才能用之，才能逐漸使之成爲親信。一旦做到這一點，經營者就能縱橫馳騁、無所畏懼了。

經營者的小故事

輕鬆的管理

臺灣奇美公司以生產石化產品 ABS 而位居全球行業第一。

公司的董事長許文龍對於企業內大大小小的事情，始終是全部授權，從不做任何書面指令，即使偶爾和主管們開開會，也只是聊聊天、談談家常而已。

很多時候，他根本不知道他的圖章放在那裏，更奇怪的是，他連一間專門的辦公室也沒有。

因為沒有辦公室，他只好經常開車到處去釣魚。有一次遇到下大雨，他想去公司看一看。員工看到他時，竟然很驚訝地問他：「董事長，沒有事你來做什麼？」

許文龍想了想說：「對呀，沒有事來做什麼？」他又開車出去了。這樣的董事長讓大家感覺到他的寬鬆，可正是由於這樣的寬鬆，留給了自己的員工更多的空間，讓員工更好地工作。

管理心得：要「管得少」，又要「管理住」，就必須進行合理的委任與授權，使團隊成員都有充分發揮自己能力的平臺。在必要的指導和監督下，用人不疑、疑人不用，賦予下屬相應的責、權、利，鼓勵其獨立完成工作。

24 激發部下的感恩之心

「士為知己者死，女為悅己者容」，這是人們普遍存在的心理。管人者應該對這種心理加以利用，讓部下視你為知音、伯樂、恩人，使他們以死相報，任你調遣，甘心為你上刀山、下火海，效力終生，無怨無悔。

元太祖成吉思汗在他成大業的過程中，十分重視這一點。

有一次，成吉思汗聽說亦乞列思的部族裏有個叫孛禿的青年，是騎馬射箭的好手。於是便暗暗派遣他的手下術兒徹丹去調查，術兒徹丹騎馬來到亦乞列思部族所在的也兒古納河邊。

孛禿知道術兒徹丹是成吉思汗派來的，恰好天已將黑，便留他住宿，並且殺了一頭羊讓術兒徹丹吃。第二日送別術兒徹丹時，見他的馬太疲乏，便牽了一匹好馬讓術兒徹丹騎走。當晚，術兒徹丹來還馬，孛禿對他的招待更加週到。

術兒徹丹回去以後，便把調查的情況全部告訴了成吉思汗。成吉思汗聽後十分高興，當場許諾要將自己的妹妹帖木倫嫁給孛禿，並派術兒徹丹將這喜事通知孛禿。

亦乞列思是個小部族，原先一直懼怕成吉思汗的乞顏部族，現在聽到聯姻的喜訊，全部族都興高采烈。於是部族便推舉了孛禿宗族的長者也不堅歹為代表來見成吉思汗議親。

也不堅歹見到成吉思汗後便說:「我們亦乞列思部族聽到大汗要將皇妹下嫁給孛禿，好像是雲霧散了見到太陽，春風溶化了冰塊一樣，喜不自勝。」

成吉思汗問道:「孛禿家餵養了多少馬羊？」

也不堅歹回答說:「孛禿家養的馬不多，只有 30 匹，現在願以 15 匹作爲聘禮，請大汗應允。」

成吉思汗一聽聘禮的事，很生氣地對也不堅歹說:「你們誤會了。我是看中孛禿這個人才，而不是看中他的家產。婚姻講求錢財，這不等於商賈做買賣了麼？古人說過，人們的心想到一塊是很難的。我現在正想攻取整個天下，你們亦乞列思部族，能夠跟從孛禿效忠於我，我就滿意了，何必談什麼聘禮呢！」

結果，成吉思汗便將皇妹帖木倫嫁給了孛禿，還陪嫁了不少錢財。孛禿受到這樣的恩遇，自然全心全意地爲成吉思汗效力。乃蠻部族叛亂時，孛禿帶兵趕到，一舉擊潰乃蠻部族，立下大功。後來帖木倫病逝，成吉思汗又再將自己的女兒火臣別嫁給孛禿，孛禿成了成吉思汗手下一名英勇善戰的猛將。

大汗之恩寵，使得孛禿感激涕零，英勇善戰的他除了精忠報效外，別無他求。

有了報恩的心理，一個人可以不求名、不求利、不求位，善於這種心理用人的經營者可以戰無不勝。

經營者的小故事

三塊紅燒肉

老闆接到一筆業務，有一批貨要搬到碼頭上去，必須在半天內完成，任務相當重，手下就那麼十幾個夥計。

這天一早，老闆親自下廚做飯。開飯時，老闆給夥計一一盛好，還親手捧到他們每個人手裏。

夥計王接過飯碗，拿起筷子，正要往嘴裏扒，一股誘人的紅燒肉濃香撲鼻而來。他急忙用筷子扒開一個小洞，三塊油光發亮的紅燒肉焐在米飯當中。他立即扭過身，一聲不響地蹲在屋角，狼吞虎嚥地吃起來。

這頓飯，夥計王吃得特別香，他邊吃邊想：「老闆看得起我，今天要多出點力。」於是他把貨裝得滿滿的，一趟又一趟，來回飛奔著，搬得汗流浹背。

整個上午，其他夥計也都像他一樣賣力，個個搬得汗流浹背，一天的活，一個上午就做完了。

中午，夥計王偷偷問夥計張：「你今天咋這麼賣力？」

夥計張反問夥計王：「你不也做得起勁嘛？」

夥計王說：「不瞞你，早上老闆在我碗裏塞了三塊紅燒肉啊！我總要對得住他對我的關照嘛！」

「哦！」夥計張驚訝地瞪大了眼睛，說：「我的碗底也有紅燒肉哩！」

兩人又問了別的夥計，原來老闆在大家碗裏都放了肉。眾夥計恍然大悟，難怪吃早飯時，大家都不聲不響悶篤篤地吃得那麼香。

如果這碗紅燒肉放在桌子上，讓大家夾著吃，可能就都不會這樣感激老闆了。

管理心得：同樣這幾塊紅燒肉，同樣幾張嘴吃，卻產生了不同的效果，這不能不說是一種精明。正面想一想，這種精明其實是一種很用心的激勵手法，讓每個人都感受到激勵！那位老闆的做法妙處在於，他讓每個員工都感到這份激勵只是針對自己。如果紅燒肉放在餐桌上共用，激勵的效果當然有，但是，一定比單獨放在碗裏而使員工獲得激勵的效果小。

心得欄 ------------------------------------

----

25 先發制人就能變危局為勝局

古人云:「兵有先天,有先機,有先手、有先聲……先爲最,先天之用尤爲最,能用先者,能運全徑矣。」由此得知,領導之術不僅有曲直,尙且有時效,往往一念之差釀成千古恨,一瞬之舉可成萬秋業,歷代統御者在運勢的把握上都十分注重時機,力爭達到先發制人的效果。

隋末年間,李世民促父親李淵在晉陽起兵,南征北戰,屢建奇功,而且收服了不少謀臣武將。李世民的哥哥李建成,雖沒有參加晉陽起兵,但在攻克首都長安這一段戰爭中也發揮了重要作用。李淵立建成爲太子,但建成感到李世民實力強、威望高、功勞大,在其弟弟李元吉的支持下,準備除掉李世民。有一次李世民隨李淵一起到李元吉的齊王府,元吉想殺了世民,建成認爲當著父王的面不好,沒殺成。不久,莊州總管楊文幹叛亂,事情牽涉到太子建成,李淵派李世民去平叛,並許願說平叛後立世民爲太子,但事成後李淵又失信。

武德九年,據《資治通鑑・唐紀七》記載:「建成夜召世民,飲酒而鴆之,世民暴心痛,吐血數升」,因淮安王李神通扶送而得救,這次謀殺未遂,李世民的妻兄長孫無忌、謀臣房玄齡、杜如晦都主張除去太子。

建成、元吉一計不成，又生一計，用計收買和調走世民手下的武將，這是釜底抽薪計。但因李世民朋黨們有方，武將們效忠不走，建成、元吉此計再次落空。

恰在此時，突厥南侵，建成向李淵提議由李元吉率兵出征，李淵同意，元吉提出要調世民手中大將尉遲敬德、秦叔寶等，並將世民手下精兵調歸自己，李淵又答應了。建成與元吉密謀，待建成、世民爲元吉餞行時，派人刺死世民。但太子手下王蛭，將此密謀告知了世民，世民急告父李淵。李淵答應追究此事。

李世民從以往李淵袒護建成的前例中，感到不能對李淵寄託太大。於是第二天早上，在建成、元吉入宮早朝之前，伏兵於玄武門，當建成、元吉行至玄武門時，李世民親手殺死了建成，元吉也被尉遲敬德殺死。建成和元吉部下見大勢已去，立刻潰散。李世民率諸將提著建成、元吉人頭拜見李淵，說建成、元吉謀反，已被誅殺，特帶兵前來保護父王。李淵害怕得發抖，三日後立世民爲太子，並讓他現在就開始執掌國事。兩個月後李淵退位當太上皇，李世民即位爲唐太宗。

「當斷不斷，反受其亂。」李世民關鍵時刻，當機立斷、先發制人，導致了霸業的成功，可見，先發制人有時可以起到轉危爲安的作用。

漢朝的青年班超，被派爲外交官的隨從武官，帶領 36 人出使西域各國。首站到達鄯善國。鄯善國王頭幾天熱情招待，後幾天態度冷淡起來。原來鄯善國位於匈奴與漢朝之間，處於被爭奪的地位。班超敏感地覺得這一定是匈奴也派使者來了。現在這些匈奴人一定暗藏殺機。

於是班超一行對負責招待他們的鄯善國人進行恐嚇，得到匈奴使者的人數和住宿地。然後，班超向手下 36 名武士分析形勢，這時只有上中下三策，下策是坐以待斃，中策是逃走，但逃不遠仍是死路一條，上策是先下手為強。大家自然選上策，便在當天夜裏摸到匈奴使者住處，匈奴使者毫無防備，100 多人全部在睡夢和慌亂中被殺。這樣，鄯善國同漢朝親近了。班超先發制人，既脫了險，又為國建了奇功。

危險顯而易見，所謂先下手為強，後下手遭殃，誰能搶先一步行動，就能抓住先機，使危如累卵的局勢頓時改觀，而成為勝券在握的贏局。

搶在對手前面為的是捷足先登。一個「搶」字道出了謀算智慧的著眼點，在於要抓住時機，把主動權控制在自己手裏，而「搶」的成敗則看誰先一步動手。春秋時期，各國貴族公卿內部的爭鬥也很激烈，並且，這些爭鬥往往與該國的強弱盛衰相關聯。在貴族公卿的爭鬥中，也不乏一些人運用高明的謀略。范匄滅欒氏就是一個典型代表。

欒氏是晉國很有勢力的貴族，從晉文公時的欒枝以來，欒氏一直官高位顯。進入春秋中期，欒氏在晉國的地位更加突出，結怨也多，於是成為眾矢之的。到了欒盈時，終於爆發了藉故驅趕欒氏家族的鬥爭。欒盈外逃後，先到楚國，後到齊國，齊國接納欒盈，是想利用他來破壞晉國內部的穩定。

不久，齊國利用送陪嫁齊女到晉的機會，用有篷窗的車把欒盈和他的武士送回欒氏的封地曲沃城。欒盈連夜就去拜見曲沃大夫胥午，要胥午同他一起發難，滅掉貴族中反對欒氏的人。

胥午沒有同意，說這件事不會成功。經過欒盈的再三央求，胥午才答應了他的請求，並議定請魏舒作內應。

魏舒是魏絳的兒子，欒盈作下軍將領時，曾與魏絳的關係很好，從而也和魏舒很熟悉，關係也很密切。在魏舒的策應下，四月，欒盈率領曲沃的甲兵，白天進入了絳城。

聽到欒盈已經進入絳城的消息，當年驅趕欒盈、如今執掌大權的範匄感到很突然，有些懼怕。范匄身邊的樂王鮒說：「這沒有什麼可怕的。請將君主送到堅固的宮殿中去，把國君掌握在自己手中。再說，欒氏的政敵很多，又剛從國外回來，立足未穩，您握有大權，佔據優勢，又掌握著對百姓的賞罰，還怕什麼？」接著，樂王鮒分析了欒氏目前的處境，和欒氏關係好的只有魏氏，沒有魏氏的協助，欒盈絕對成不了氣候。他向範匄建議，先下手爲強，可以用武力脅迫魏舒與範氏合作，這樣，欒氏將不攻自退。範匄接受了這一建議。

於是，范匄派兒子范鞅去接魏舒到王宮中來。當范鞅到達絳都時，魏舒的軍隊已經列好隊，駕上了馬，整裝待發，準備與欒盈的軍隊一同會合行動。

范鞅大步跨到魏舒車前，說：「欒氏率領叛賊來都城，我父親和諸位大夫現在都在國君那裏，特派我來迎接您去。快走吧，我說明您駕車。」說完，翻身跳上魏舒的戰車，右手拿著寶劍，左手拉著馬轡頭，命令駕車的快趕車。駕車的問到那裏去，範鞅答道：「到國君那裏去！」就這樣，魏舒被範鞅強行劫持進了宮。

魏舒的車一到，範匄便走向臺階親自迎接他，還拉著他的手，答應將曲沃給他，以籠絡他的心。魏舒受到控制，不能幫助欒盈，大大挫傷了欒盈的氣勢。不久，其反叛行動即被挫敗。

搶在對手前面行動就是捷足先登、先發制人，這是一種爭取主動的謀略。無論在軍事活動、政治活動，還是在經濟活動中，這種捷足先登，先發制人，爭取佔據主動的謀略，都是可以獲得理想效果的。

26 該後退時，就不要盲目搶先

經營者謀算對手要搶先一步，但這裏的「搶先」不能機械地理解，而是指要謀算在前，不要犯盲目急躁等無謂的錯誤。

三國時，曹丕借著他父親曹操南征北戰，東討西伐，肅清內外反抗勢力，統一中原打下的基礎，又搞一曲「禪讓」戲坐上了龍床。劉備依著自己是劉家王朝的後裔，趁曹氏廢除漢獻帝的混亂局面，打著承續正統、匡扶漢室的旗號，也坐上了皇帝寶座。作爲三大霸主之一的孫權就不想過皇帝癮嗎？他當然想，而且在軍閥混戰的三國時期，想當皇帝的又何止孫權，可以說許多實力強的人都想當皇帝，如董卓、孫堅、袁術、袁紹都做過皇帝夢。

當年曹操矯詔會盟，討伐董卓，孫堅參加了這次討伐戰爭，偶然在洛陽得到傳國玉璽，就認爲自己有當皇帝的緣分，於是藏匿不報，並立即率領部隊離開盟軍去發展自己的勢力。袁術等人得知此消息極力譴責孫堅。其實，他們之中誰都想得到這塊玉璽。看孫堅離開盟軍時，劉表去截擊他，也爲的是玉璽。孫堅之子孫策後來在窮途末路時願意以玉璽作押，換得袁術的兵馬，袁術高興得不得了，馬上做成這筆交易。不過，正因爲想坐天下的多了，任何人只要暴露了這個念頭就會招來大家的討伐，名義當然是「誅亂臣賊子」。於是出現了大家都想當，大家又互相制約，誰也不敢輕易冒這個風險、挑這個頭的局面。

孫權承父兄之業，坐領江東，歷時三世，在軍閥你爭我奪、相互兼併的戰爭中，成了三足鼎立的霸主之一，但在魏、蜀、吳三家中，他的勢力相對要弱一些，又沒有曹氏、劉氏那樣的名分，但皇帝夢是照樣做的。爲此，他採用了「避於先而審處於後」的策略，最終才了卻了做皇帝的夙願。

開始，他見曹操勢大，自封爲魏王，而自己趁關羽在北面征討襄樊的機會，襲擊了荆州，並殺害了關羽，當然也就破壞了孫劉的聯盟。殺了關羽，奪了荆州，劉備豈肯善罷甘休。此時的孫權，別說當皇帝，而且很可能受到劉備和曹操的兩面夾擊。爲擺脫這種窘境，他差人把關羽的人頭獻給曹操，這樣做既可以說是向曹操表功，又可以說是想嫁禍於曹操。同時，還主動寫信勸曹操做皇帝。信中說：「孫權我早就知道天命已歸魏王您了，望您早登大位，以便調兵遣將剿滅劉備，掃平西川，到那時，我孫權一定率領手下獻出土地，向您俯首稱臣。」

沒想到，在當皇帝這個問題上，曹操表現出驚人的自制力。曹操當然想取代漢獻帝，以成就曹氏帝業。同時，以他在北方日益增大的威勢，要取代漢帝是不難的，但取代之後，是否能立定腳跟，則很難預料。曹操清楚地看到了這種形勢，所以當孫權寫信向他勸進時，他一眼便看穿這是孫權的陰謀。企圖讓自己激怒天下，陷於孤立，於是「觀畢大笑」，說：「這小子是想把我放在火爐上燒烤啊！」曹操沒吃這一套，孫權當然只好作罷。

後來，曹丕當上皇帝，孫權不但沒有說半個「不」字，還主動派人攜帶禮品和書信前去討封，曹丕封孫權為吳王，加九錫。孫權的臣屬們對孫權這個舉動，很不以為然，都勸他應自稱上將軍九州伯，而不應接受曹丕的冊封。孫權卻說：「九州伯這個稱號，從古以來不曾有過。當年劉邦也曾接受項羽給他的漢王封號，那也是權宜之計，對自己有什麼傷害呢？」於是便欣然接受了曹丕給予的封號。

時過不久，曹丕派遣使臣來東吳索取雀頭香、大貝、明珠、象牙、犀角、玳瑁、孔雀、翡翠、鬥鴨、長鳴雞等物產，群臣上奏說：「荊、揚二州應交納的貢品是有定額的，現在魏國索取的珍玩之物是不合於禮節的，不應當給他們。」孫權說：「當年惠施曾尊奉齊國為盟主，有人責備他：『你是主張不承認別人為盟主的，現在尊奉齊國為首，不是自相矛盾麼？』惠施說：『有人在這裏要打他愛子的頭，他想用石頭代替愛子的頭。因為頭貴重而石頭不足道，以不足道的東西代替貴重的東西，為什麼不行呢？』如今西北方的魏國在打我們的主意，江南的百姓都仰賴我，他們不正是我的愛子嗎？魏國索取的，都是不足道的東西，有什麼可惜的！魏文帝尚在居喪期間，卻索取這些珍玩，對他這樣的人還有什麼禮節可講呢？」於是備齊了他所要的東西送去了。

又有一次，曹丕命令曹休、張遼率領軍隊，從洞口出發，曹仁率軍從濡須出發，曹真、夏侯尚、張郃、徐晃率軍包圍東吳雲南郡。孫權一面派呂范等將領督率水軍抵抗曹休等人，諸葛瑾、潘璋、楊粲等將領率軍救援南郡，朱桓以濡須督的身份抗拒曹仁；一面又上書曹丕，說抵抗不是自己的意見，而是大臣們的主張，並請求他給予自己改過自新的機會。

眾大臣對孫權這種卑躬屈節於曹丕的行爲大有微詞，並勸說他乾脆脫離曹丕，自己定年號，做皇帝。孫權卻推辭說：「漢朝的皇室沒落了，我不能救助使之保存，又怎麼忍心與之爭天下呢？」群臣又提出天命符瑞等爲理由，堅持請孫權稱帝。孫權仍不答應，並對群臣說：「我過去因見劉備雄踞西方，所以命令陸遜率兵防備他。又聽說北方的魏國準備協助我，我擔心挾天子令諸侯的餘威，如果不接受其冊封，將自尋折辱並促使他們早日對我下手。他們可能會與蜀國聯合，使我們兩面受敵，大爲不利。所以我克制自己，接受了吳王的封號。我俯首稱臣的本意，你們似乎還未盡理解，因而今天向你們解釋一下。」

孫權表面上裝作甘爲魏國的屬國，其實內心一丁點兒也不肯歸附。當年曹丕派遣使臣與東吳結盟言誓之時，提出要孫權的兒子到魏國去做人質，他就斷然拒絕，後來曹丕幾次追問，他都藉故相托。表面上他對魏國是畢恭畢敬，在一些非原則如進貢品等問題上他惟命是從，而在人質等重大問題上，他絲毫不受制於人，眼下的卑躬，正是爲了掩蓋真象，麻痹對方，暗地積蓄力量。等到劉備在白帝城喪命，曹玉英年早逝，孫權眼見自己的對手一個個衰落了，人們的注意力逐漸轉移了，時機成熟了，終於在西元 229 年，輕鬆地坐上了皇帝寶座。

在自己羽毛未豐，或者說時機不成熟時，不露鋒芒，隱匿意圖，讓別人打頭陣，自己卻耐心等待時機，積蓄力量，最後窺準方向，果斷採取行動，這種策略能爲經營者屢獲成功。

27 把大道理說淺白，是必備的說服技巧

經營者說服別人，用開門見山、一針見血的方式，一方面地位尊卑的差別不允許這樣做，另一方面直言快語也不容易使人接受。而以小喻大，從生動形象的具體事情說開去，聽者就會自然地領會你的意圖，接受你要闡明的道理。

齊威王能夠虛心聽取各種批評和建議，善於識別忠奸，賞功罰罪，積極發展生產，一時被楚、魏、趙、韓、燕五國公推爲霸主。國家一強，講奉承話的人就多了。齊威王聽得有點飄飄然，對於那些不同的意見可就有點聽不進去了。當時的相國名叫鄒忌，看到齊威王剛取得一點成績，就驕傲起來了，很是著急，就想找個機會把這毛病及早給他指出來。

一天早晨，鄒忌起來穿好衣服，戴上帽子，拿鏡子照了照，看到自己模樣蠻不錯：勻稱的身材，端正的臉膛，白淨的皮膚，

心裏挺得意，就問他妻子：「我跟城北徐公比，誰漂亮呀？」妻子笑著說：「當然是您漂亮啦，城北徐公那兒比得上您啊！」城北徐公是當時齊國有名的美男子。鄒忌不相信妻子的話，又去問侍妾：「你看，我跟城北徐公比起來，那個漂亮啊？」侍妾回答說：「徐公那能跟您比啊！您比他好看多啦！」過了一會兒，來了一位客人，鄒忌又去問他：「人家說我比城北徐公還漂亮，您看是這樣嗎？」客人說：「一點不錯，您比城北徐公可漂亮多了！」第二天，城北徐公來拜訪。鄒忌把徐公上上下下仔細打量了一番，感到自己並不如徐公漂亮，偷偷照照鏡子，再看看徐公，更覺得自己比徐公差遠了！

晚上，鄒忌躺在床上心裏折騰開了：「我明明不如徐公長得好，爲什麼妻子、侍妾和客人硬說我比他漂亮呢？」想來想去，最後悟出來一番道理。

第二天一早，他就上朝去了，把這件事原原本本地說給威王聽。威王聽了哈哈大笑起來，問：「爲什麼他們都硬說你比徐公漂亮呢？」鄒忌說：「我昨兒夜裏想了好久才明白過來：妻子說我美，因爲她對我有偏愛；侍妾說我美，因爲她怕我不高興；客人說我美，那是因爲他有事情求我。他們都是爲了討好我啊！」威王點點頭說：「你說得很對，聽了別人的好話，得考慮考慮，不然就很容易受蒙蔽，分不清是非。」

鄒忌接著轉入正題，嚴肅地說：「大王，我看您受的蒙蔽比我還深呢。」

威王把臉一沉，問：「你這話什麼意思？」

鄒忌不慌不忙地說：「大王，這個意思很明白。我妻子、侍妾、客人，爲了討好我而蒙蔽了我。如今，齊國有上千里地方，100 多個城鎮，王宮裏的美女、侍從莫不偏愛大王；朝廷上的大臣莫不害怕大王；四境之內莫不有求於大王。他們爲了巴結大王，在您跟前盡說些好聽話。由此看來，大王受到的蒙蔽是很深的啊！」

威王恍然大悟地說：「啊，先生說得實在好極了！」他愉快地採納了意見，宣佈全國的人隨時都可以向他進言。

鄒忌正是採用了類比的方法，由自己與徐公比美這件事，巧妙地引到納諫的正題上來，使齊威王得以頓悟。

墨子勸楚王停止攻宋，也是用了類比勸說法。墨子拜見過楚王，就跟他講起一個人的故事來：「我碰到這樣一個人，自己有華麗的車子不坐，偏偏要去偷鄰居的破舊車子；自己有絲綢衣服不穿，偏偏要去偷鄰居的破衣爛襖；自己有山珍海味不吃，偏偏要去偷鄰居的粗茶淡飯。您說這個人是什麼毛病呢？」楚王笑了，說：「我看這人八成是偷上癮了。」墨子接著說：「照我看來，貴國領土方圓 5000 里，宋國只有 500 里，這就好比是華麗車子和破舊車子；貴國土地肥沃，物產豐富，宋國一片荒野，地瘦民窮，這就好比是山珍海味和粗茶淡飯；貴國森林密佈，宋國樹木稀少，這又好比是絲綢衣服和破衣爛襖。這樣說起來，大王派兵去攻打宋國，不是和那個人犯了同樣的毛病嗎？大王這樣做，只能惹天下人恥笑，決不會有什麼好結果！」

楚王聽了，如夢初醒，連說：「先生講得對！」

一般人習慣於形象思維，很喜歡用這種打比方的說理方法，事實證明，這種方法確實有效。

經營者的小故事

一根繩子

有一個人，從小就立志要當一位優秀的領導者。

大學畢業後，他進入父親的企業工作。他工作很努力，沒過幾年，他的父親便提拔他當經理。

可他怕自己不能勝任此位，便向父親請教。

他父親沒說什麼話，只是拿出一根 30 釐米長的繩子放在桌上，然後讓他用手拿著繩子的一端向前推，看能不能讓繩子往前移動。

他心想這是多麼簡單的一件事呀。可是，不論他怎麼向前推，繩子也不往前移，只是歪歪斜斜地在原處扭動。

父親說：「兒子，如何才能改變這種現狀呢？」

他想了想，拿著繩子，調了個方向，然後向前拉，繩子直直地向前移動了，從而輕鬆地解決了這個問題。

這時，父親問道：「你從中悟出了什麼？」

他回答道：「作領導不能在後面推，要在前面拉。」

管理心得：說服別人不能光靠嘴巴，得用行動證明。己所不欲，勿施於人。只有這樣，才能真正發揮領導的影響力。

28 保持警醒之心以防備人中傷

有些中傷在事情發生之前，如果保持一點戒心還是能夠避免的。其實，只要時刻保持警醒之心，有些害人的奸計總會露出蛛絲馬跡，然後防備在先，就能免受其害。企業經營者首先是要有警惕之心，其次是對細微處的蛛絲馬跡有所察覺。

北宋哲宗紹聖年間，諫官陳瓘剛剛奉命被召回京城，就聽說聖旨下達，命令中書省、門下省、尙書省將所有過去那些因爲上疏而遭到降職或貶謫的臣僚們的奏章送繳上去。陳瓘就對給事中謝聖藻說:「這一定是有奸臣小人企圖掩蓋自己過去的罪愆，而採取的一種銷贓滅跡的伎倆，如果將三省臣僚的奏章全部都送繳了上去，那麼，萬一有什麼是非變亂，三省的官員用什麼來辯明呢？」同時列舉了戶部尙書蔡京上疏請求誅滅侍禦使劉摯等人的家族，就造謠說劉摯攜劍入宮，想誅殺尙書右僕射兼門下侍郎王矽等幾件事爲例。謝聖藻聽了很是驚恐，馬上就去告訴了當時的宰相，將三省臣僚的奏章都錄下副本保存在省署後，這以後蔡京一夥的欺瞞、誣告、掩蓋、抹殺的企圖之所以不能全部得逞，就是因爲這些真實的記錄消除不掉的緣故。

凡事都要留一手，這是諫官陳瑾在封建社會的官場中，防止小人的陷害，明哲保身的一大絕招。小人都有做賊心虛、欲蓋彌彰的特性，對他們保持高度的警惕性，掌握一些他們的賊言劣行的把柄，這就像是在無法無天的齊天大聖的頭上套了一個緊箍兒一樣，一旦小人膽敢肆無忌憚地作惡，這緊箍咒一念，他們就沒轍了，就再也不敢行兇了，或至少有點收斂了。

這一絕招的另一個內容，是君子爲了防備小人的日後反攻倒算，預留一些可供證明自己清白的證據，以防止小人僞造證據陷害自己。

北宋哲宗時，大臣鄒浩由於上疏揭發奸臣蔡京而被貶到邊遠的地區。徽宗繼位後，重新起用他爲朝中大臣，當返回到朝廷時，君臣一見面，徽宗首先提到的就是進諫擁立太后一事。並再三讚歎，還詢問諫疏的底稿還在不在。鄒浩答道：「已經燒掉了。」退朝後，鄒浩將此事告訴了陳瓘，陳瓘惋惜地說道：「你的禍患就是由此開始了！以後如果有那個奸人僞造一份諫疏陷害你，你就無法申辯了。」

當初，哲宗皇帝有一個兒子，即獻湣太子趙茂，是昭懷劉氏做妃子時生的。哲宗皇帝沒有其他的兒子，當時孟皇后已廢，正宮的位子是空著的，由於劉氏有了這個兒子，哲宗就立她爲皇后，然而，孩子出生三個月後就夭折了。在這期間，鄒浩三次進諫，陳說不宜立劉氏爲皇后，但進諫的奏章底稿都沒有保存下來，其內容也不爲外人所知了。後來，奸臣蔡京主持政事時，因爲他平素就忌恨鄒浩，於是便叫他的黨羽僞造了一份鄒浩上疏的奏章，其中說：「劉後殺害了卓氏（哲宗的另一個妃子），並奪走了她的兒子而冒充爲自己的兒子。這樣做，固然可以騙人於一時，但怎麼可能欺騙上天呢？」徽宗看了這份僞奏，立即下詔調查這件事。於是，再次將鄒浩貶謫到衡州任別駕(刺史的輔臣)，以後又改派到昭州，這一切果然應驗了陳瓘的話。

明代宗景泰年間，廣東副使韓雍遍服四方，巡撫到江西時，一天忽然有人報告說寧王的弟弟某親王來拜訪他。韓雍一面謊稱有病，請王爺稍候片刻；一面馬上派人去叫三司(明代將各省之都指揮使司、布政使司、按察使司合稱「三司」)，並且找了個白木幾子，然後韓雍才出來匍匐在地拜迎某親王。

某親王一進門，便講了他哥哥要反叛朝廷的情況。韓雍推說自己耳朵有毛病，聽不清楚，請某親王把要講的都寫下來。某親王要紙，韓雍就讓手下人將白木幾子抬了進來。某親王便將他哥哥要謀反的情況詳細地寫在白木幾子上，就告辭了。

韓雍將這事報告了朝廷，皇上便派一大臣來調查，卻沒有找到寧王謀反的任何證據。這時寧王兄弟又握手言歡了，某親王拒不承認說過他哥哥要反叛的話。調查這事的大臣回京後，朝廷即以離間寧王宗室罪判處韓雍，並且要將他押往京城追究。韓雍上繳了某親王親筆書寫在白木幾子上的狀子，這才獲得了釋放。

多一份警惕就多一份安全，在經營者所處的競技場上，可謂荆棘密佈，邁出每一步都要有防備被紮傷的心理準備，這也是一個成熟的經營者應具備的心理反應。

經營者的小故事

時刻保持警覺

為了測試青蛙的敏感性，科學家做了一個實驗。

他們先將青蛙放入盛有沸水的鍋中，青蛙感到水燙，立即跳了出來，並保住了自己的生命。之後，科學家們把同樣的青蛙放入冷水鍋中，下面用火慢慢加熱，青蛙竟然一動不動，舒舒服服地浮在水面，一點也沒有察覺到變化的水溫。水溫緩緩上升，青蛙最終感到水燙了，它奮力想跳出來，可是無論如何努力，它都沒有跳出來。

管理心得：在當前複雜多變和競爭激烈的市場環境中，企業經營者們應該吸取青蛙的教訓，時時保持警覺，高度關注市場環境變化，並及時果斷地作出應變和調整的決策。只有以變應變，才能永遠立於不敗之地。

心得欄 ---------------------------------

----

29 時刻握緊手中的指揮棒

一個樂隊的指揮如果把指揮棒交給他人，節奏就會被打亂，合奏就會演砸，因爲指揮棒是樂手們關注的焦點，是指揮家引導音樂走向的關鍵。如果我們把經營者也看作這樣一個「樂隊指揮」，那麼職責所賦予他的權力便是一根指揮棒。指揮棒拿不穩，或被手下人侵奪，他就不能穩定地操縱局面。

經營者在穩守權力的問題上沒有商量的餘地，比如清朝的康熙皇帝就深知這一點，他施展領導才華的第一招就是把權臣手中過大的權力收歸己有。

康熙 8 歲登基。隨著年幼的康熙逐漸長大，要求皇帝親政的呼聲愈來愈高。康熙以「輔政臣屢行陳奏」爲由，經皇太后同意，於康熙六年 7 月初七舉行親政大典，宣示天下開始親理政事。

鼇拜本想借索尼去世之機，越過遏必隆、蘇克薩哈，攫取啓奏權和批理奏疏之權，成爲真正的宰相，不料皇帝準備親理政務，使他的希望破滅了。但他又不願歸政，拉蘇克薩哈和他一起干預朝政，試圖以太祖太宗所行事例來壓制康熙帝。而蘇克薩哈一向鄙視鼇拜所行，非常願意歸政於帝，故斷然拒絕了鼇拜的要求，鼇拜便轉而陷害蘇克薩哈。

康熙儘管已明示天下開始親理政務，但輔政領導內三院及議政王大臣會議的政治體制並未立即改變，輔臣朝班位次仍在親王之上，並繼續掌握批理章疏大權，而且鼇拜的黨羽已經形成，勢力強大。

甚至敬謹親王蘭布、安郡王岳樂、鎮國公哈爾薩等人也先後依附於鼇拜。特別是在上三旗中，鼇拜已佔絕對優勢，鑲黃旗全部控制，正黃旗隨聲附和，正白旗遭受了嚴重打擊和削弱，而宮廷宿衛則完全由上三旗負責，康熙仍處境困難。

正白旗輔政大臣蘇克薩哈不甘心與鼇拜同流合污，但又無法與之抗爭，便產生隱退念頭，遂於康熙親政後的第 6 天，以身患重疾爲由上疏要求「往守先皇帝陵寢」，並含蓄地提到自己迫不得已的處境。此舉自然也有迫使鼇拜、遏必隆辭職交權的意圖，因而更引起鼇拜的不滿。他矯旨指責蘇克薩哈此舉，並令議政王大臣會議討論此事，然後操縱議政王大臣會議，顛倒黑白，給蘇克薩哈編造了「不欲歸政」等 24 款，擬將蘇克薩哈及長子內大臣查克旦磔死，其餘子孫無論年齡皆斬決籍沒，族人前夕統領白爾赫圖等亦斬決。康熙「堅執不允所請」，而鼇拜強奏累日，最後僅將蘇克薩哈改爲絞刑，其他仍按原議執行。這使康熙又一次受到震動。

而鼇拜除掉蘇克薩哈後更加肆無忌憚，不僅朝班自動列於遏必隆之前，而且將一切政事先於私家議定然後施行，甚至在康熙面前也敢呵斥部院大臣，攔截章奏。蒙古都統俄訥、喇哈達、宜理布等因不肯在議事處附和鼇拜即被逐出會議，而鼇拜的親信即便是王府長史一類的小官，也可以參與議政。更有甚者，鼇拜可以公然抗旨，拒不執行。如其親信馬邇賽死後，康熙明令不准賜謚，鼇拜竟不執行，仍予謚號。在此情況下，康熙決計除去鼇拜，只是鼇拜勢力強大，不能掉以輕心，必須以計擒之。

康熙七年九月，內秘書院侍讀熊賜履上疏建議革除朝政積弊，並把矛頭指向鼇拜。此疏深爲康熙贊同，但康熙以爲時機尚未成熟，不能打草驚蛇，便斥之「妄行冒奏，以沽虛名」，聲稱要予以處罰，藉以麻痹鼇拜。而暗地裏，康熙卻在悄悄部署捉拿鼇拜的各項準備工作。鑑於鼇拜在侍衛中影響較大，原有侍衛不足依靠，他特地以演練「搏擊之戲」爲名，選擇一些忠實可靠的侍衛及拜唐阿(執事人)年少有力者，另組一支更爲親信的衛隊善撲營，並請在上三旗侍衛中很有威望的已故首席輔政大臣索尼次子、一等侍衛索額圖爲首領。當時索額圖改任吏部侍郎不足一年，遂「自請解任，效力左右」。

爲了保證捉拿鼇拜行動的順利進行，在行動之前，康熙還不露聲色地將鼇拜黨羽以各種名義先後派出京城，以削弱其勢力。

康熙八年五月中旬，一切安排就緒。康熙於 16 日親自向善撲營做動員部署，並當眾宣佈鼇拜的罪過。隨即以議事爲名將鼇拜宣召進宮擒拿。當時鼇拜全然沒有覺察到異常情況，一如往常那樣傲氣十足地進得宮來，甚至於看到兩旁站立的善撲營人員時也沒有產生懷疑，因爲在他看來，年輕的康熙不會也不敢把他怎麼樣，因而將善撲營人員聚集宮中看作是康熙迷戀摔跤遊戲的一種表現，根本沒有想到自己很快就要成爲階下囚。

康熙待拿下鼇拜等人後，親自向議政諸王宣佈了鼇拜的有關罪行：營私結黨「以欺朕躬」；御前隨意呵斥大臣，目無君上；打擊科道官員，閉塞言路；公事私議，「棄毀國典」；排斥異己等。總之是「貪聚賄賂，奸黨日甚，上違君父重托，下則殘害生民，種種惡跡難以數舉」，要求議政王大臣會議勘問。

以康親王傑書爲代表的議政諸王，原本就不滿鼇拜的專橫跋扈，現在見皇上已擒拿鼇拜並令其勘問議罪，所以很快就列出鼇拜欺君擅權、結黨亂政等 30 款大罪，議將其革職立斬，其族人有官職及在護軍者，均革退，各鞭 100 後披甲當差。

處理意見上報康熙後，康熙又親自鞫問鼇拜等人，並於 5 月 25 日歷數其「結黨專權，紊亂朝政」等罪行後，宣佈：鼇拜從寬免死，仍行圈禁；遏必隆免重罪，削去一應爵位；畏鼇拜權勢或希圖幸進而依附鼇拜的滿漢文武大臣均免察處，並於 6 月 7 日降諭申明：「此等囑託行賄者尚多……俱從寬免」，從而有效地防止了株連，穩定了人心。凡受鼇拜迫害致死、革職、降職者均平反昭雪，已故輔政大臣蘇克薩哈等人的世職爵位予以世襲。因而此案的處理頗得人心。

議處鼇拜、廢除輔政大臣體制後，重要的批紅大權收歸皇帝之手，康熙從此便堅持自己批閱奏摺，「斷不假手於人」，即使年老之後也是如此，從而防止了大臣擅權。康熙還從鼇拜事件中吸取教訓，嚴禁懷挾私仇相互陷害。

康熙智除鼇拜，一方面除去了自己親政的最大障礙，同時對其他權臣起了震懾作用。整個事件的處理非常週密、完滿、妥貼，充分顯示了青年康熙在政治上的成熟。

現代領導學中十分強調合理授權，其實要點全在「合理」二字。因爲在中國歷史的各朝各代，不管朝廷管理機構如何變更，經營者的風格如何多樣，沒有一定的授權任何事都辦不成，管理機構的運轉便沒有效率。問題的關鍵是如何把授權控制在合理的範圍內，而對於必須由自己掌握的核心權力是一絲一毫不能放鬆的。這是個有方無圓的原則問題。

經營者的小故事

脫韁的馬

有一個騎師，養了一匹很強壯的馬，為了隨心所欲地使喚它，騎師對他的馬進行了徹底的訓練，練得只要騎師揚起鞭子，馬就乖乖地聽他使喚。騎師認為馬對他的話百依百順，對它再加上韁繩好像是多餘的，於是決定給他的馬解掉韁繩。

平時騎起來沒有韁繩，馬還特別聽話，騎師認為這樣十分有面子。有一天騎馬出去時，他又把韁繩解掉了。馬兒在原野上飛跑，開頭還不算太快，仰著頭抖動著馬鬃，彷彿叫它的主人高興。

當它知道什麼約束也沒有的時候，英勇的駿馬就越發大膽了。它的眼睛裏冒著火，腦袋裏充著血，再也不聽主人的指揮，愈來愈快地飛馳過遼闊的原野。

這一下騎師毫無辦法控制他的馬了，他想用笨拙而顫抖的手把韁繩重新套上馬頭，但已經無法辦到。完全無拘無束的馬兒撒開四蹄，一路狂奔著，竟把騎師摔下來。

但它還是瘋狂地往前衝，像一陣風似的，什麼也不看，什麼方向也不辨，一股勁兒衝下深谷，摔了個粉身碎骨。

「馬兒呀你死得好慘呀！」騎師悲痛地大叫起來，「你的災難是我一手造成的啊，如果我一開始就不解掉韁繩的話，你就不會不聽我的話，就不會把我摔下來，你也就絕不會落得這樣淒慘的下場。這是我一手造成的啊，我的好馬兒啊，我對不住你呀！」

管理心得：對於有能力的下屬，必須做到適當授權而又不失控，高明的管理者懂得在「過」與「不及」之間尋找最恰當的點。

心得欄 ------------------------------

----

30 使用賞罰公平秤

經營者管理下屬最基本的手段一是賞——鼓勵下屬該做什麼和怎麼做，一是罰——使下屬牢記那些禁區不能跨超。做到賞罰分明得當，下屬就會心情愉快地儘量把事情幹好。

曹操的領導之道雖有多種，而賞罰分明得當，始終爲重要方法之一，因爲在曹操眼裏，賞罰的分明方正與否直接關係到功業的成敗。

曹操歷來堅持有功就賞，有罪就罰，一視同仁，不分貴賤。漢末十八路諸侯共討董卓時，董卓勇將華雄連斬聯軍數員大將，諸侯中無人可敵。此時，尙爲平原縣令劉備手下一名馬弓手的關羽挺身請戰。袁術當即怒斥，命人趕出。而曹操卻說：「此人既出大言，必有勇略，試教出馬，如其不勝，責之未遲。」結果，關羽片刻間便提華雄頭進帳報功。接著，張飛鼓動諸侯乘勢進兵殺入關中以活捉董卓，袁術仍怒喝：「量一縣令手下小卒，安敢在此耀武揚威！都趕出帳去！」此時，曹操再次反駁說：「得功者賞，何計貴賤！」

曹操動用賞罰手段時，往往賞多於罰。部下只要有功，必給相應獎賞，而且針對不同的人、不同情況給予不同的獎勵。曹操在慶賀銅雀台建成時，進行比武活動，爲了增加喜慶氣氛，竟設法設了一次人人獲勝、人人有份的物質獎勵。在與李傕交戰中，許褚連斬二將，曹操即手撫許褚之背，把他比作劉邦手下的猛將，激動地稱讚說：「子其吾之樊噲也！」當荀彧投曹後，曹操見其才華出眾，當即把他比作劉邦手下的謀士張良，高度讚譽說：「此吾之子房也！」

一次，在與關羽交戰中，徐晃孤軍深入重圍，不僅獲勝，且軍容整齊而歸，秩序井然，曹操當即把他比作漢朝的名將，大加讚賞地說：「徐將軍真有周亞夫之風矣！」曹操引用歷史上傑出人物作對比，對部下及時給予高度評價，這種精神鼓勵，實際上超過任何物質獎勵的作用。

曹操特別重視獎懲手段的誘導教育作用，這不僅表現於自己部下，也表現在他對於敵對營壘將士的處置方法上。曹操特別敬佩關羽「事主不忘本」的忠義精神，當關羽得知劉備下落，立即封金留書而去，曹操則對部下說：「不忘舊主，來去明白，真丈夫也！汝等皆當效之。」

袁紹謀士沮授被俘後，明確表示不肯投降，曹操越發以禮相待，後沮授盜馬私逃，操怒而斬之。沮授臨刑而神色不變，操則後悔地說：「吾誤殺忠義之士也！」命以禮厚葬，並親筆題墓：「忠烈沮君之墓。」

與此相反，對賣主求榮者，曹操則一向深惡痛絕。曹操部下侍郎黃奎與馬騰勾結欲刺殺曹操，與黃奎之妾私通的苗澤向曹操告密，使操擒獲了黃奎和馬騰，曹操不僅不賞賜苗澤，卻認爲苗澤爲得到一個婦人，竟害了姐夫一家，說：「留此不義之人何用！」終將苗澤與黃奎之妾一併斬首。

獎懲自身並非目的。受獎者，勵其用命之忠，使之感恩戴德，更加效力於己；受懲者，責其背義之行，臭名披露，用以警戒部下深思。這可謂曹操用人的獨到之處。

總觀蜀、魏、吳三國，雖各有傑才，但以魏國人才最多。集攏在曹操手下的謀臣不勝枚舉，而且這些人，一旦投到曹操手下，便不僅能夠各逞其才，而且皆能死命效力，少有叛變離心者。

賞、罰是兩杆公平秤，怎樣用好這兩桿秤體現著領導智慧的水準。在這個問題上，「分明」二字是個不可逾超的標杆，賞就是賞，罰就是罰，該賞多少就賞多少，該罰多少就罰多少，任何通融、遷就的行爲都會誤導下屬，造成局面的混亂。

心得欄 ------------------------------

----

31 必要時勇於拿自己開刀

有時候爲官者會碰到這種情況：剛剛頒佈的禁令，自己卻不小心違犯了。怎麼辦？所有的人都眼巴巴盯著你，如果以此禁令對下不對上爲由開脫自己，下屬也不會說什麼，但是這條禁令的實施就不會那麼順暢了。

曹操就曾遇到類似的情況，並作了恰如其分的處理。

建安三年，曹操率兵東征。一路上，旌旗招展，刀槍林立，浩浩蕩蕩的大軍有條不紊地行進著。

此時正是五月，麥子覆壟的收割季節。由於連年戰火，許多田地都荒蕪了。隨著一陣輕風，飄來了一股股新麥的清香。原來，在隊伍的前面出現了一大片黃澄澄的麥地，農夫們正在揮鐮擔擔，忙著收割。

曹操傳令：「凡是踩踏麥田者，罪當斬首！」傳令兵立即將曹操的命令傳達三軍。

全軍上下，人人都小心翼翼起來，因爲他們深知曹操的爲人，不要因爲踏一撮麥子而丟了身家性命。所以，士兵們行走時，都離麥田遠遠的，騎兵害怕馬一時失蹄狂奔亂竄，也就紛紛下馬，用手牽著馬走。隊伍在麥田邊緩緩地向前移動著。

事情往往就是這樣湊巧，「嗖」的一聲，一隻大野兔從麥田裏竄了出來，穿過路面，遛到了另一塊田裏。這野兔剛好在曹操及另外兩名軍官的馬前穿過，把三匹前頭大馬嚇了一跳。由於另外兩個將軍都下馬牽著馬轠繩行走的，所以馬只是小驚了一下，就給穩住了。曹操此時正坐在馬上得意，他的馬匹給這一驚，猶如脫了轠的野馬，一下子竄進麥田幾丈遠，差點沒把曹操給摔下馬來。等到曹操回過神來勒轠繩時，一大片莊稼已給踩壞了。嚇得那些在田間的農夫們也趕忙躲避，害怕被驚馬踩死。

面對眼前這一意外突發事件，大家都驚呆了。曹操命令說：

「我定的軍規，我自己違犯了，請主簿（秘書）給我定罪吧！」

主簿在聽了曹操的令後，忙對曹操，又像是對大家說：「依照《春秋》之義，爲尊得諱，法不加重。將軍不必介意此等小事。」旁邊的一些軍士也跟著附和道：「主簿說得對。將軍，還是帶我們趕快上路吧！」

曹操聽了，一本正經地說：「軍令是我制定的，怎麼能被我自己破壞呢？」接著，又像是自言自語地感歎道：「唉，誰讓我是主帥呢！我一死，也就沒人帶你們去打仗了，皇上那裏也交不了差呀！」眾人忙說：「是呀，是呀，請將軍以社稷爲重。」

曹操見大家已經徹底地倒向他了，稍稍頓了頓又繼續說：「這樣吧，我割下自己的一撮頭髮來代替我的頭顱吧！」

於是，拔劍割下一綹頭髮，交給傳令兵告示三軍。

曹操這樣做，既維護了他制定的軍令，同時又保住了他的腦袋。

明智的經營者最在意的是名聲，有好名聲才有好威信，才能做到眾望所歸。因此。作爲一個經營者，只有在下屬面前樹立一個以身作則的形象，才能做到取信於「民」，下屬無不希望他們的上司是一個以身作則的長者。可見，樹立一個以身作則的形象，將大大有利於領導工作的開展。

經營者的小故事

以身作則

士光敏夫是一位十分受人尊敬的企業家。1965 年，他曾出任東芝電器株式會社社長。當時的東芝人才濟濟，但由於組織太龐大，層次過多，管理不善，員工鬆散，導致公司效益低落。士光上任後，立刻提出了「一般員工要比以前多用 3 倍的腦，董事則要 100 倍，我本人則有過之而無不及」的口號，來重振東芝。

他的口頭禪是「以身作則最具說服力」。他每天提早半小時上班，並空出上午 7：30～8：30 的一個小時時間，歡迎員工與他一起動腦，共同討論公司的問題。

士光為了杜絕浪費，還借著一次參觀的機會，給東芝的董事們上了一課。

有一天，東芝的一位董事想參觀一艘名叫「出光丸」的巨型油輪。士光已去看過 9 次，所以事先說好由他帶路。那一天是假日，他們約好在「櫻木町」車站的門口會合。士光準時到達，董事們乘公司的車隨後趕到。

一位董事說:「社長先生，抱歉讓您久等了。我看我們就搭您的車前往參觀吧！」董事以為士光也是乘公司的專車來的。

士光面無表情地說:「我並沒乘公司的轎車，我們去搭電車吧！」

董事們當場愣住了，羞愧得無地自容。原來士光為了杜絕浪費，使公司費用支出合理化，以身示範搭電車，給那些渾渾噩噩的董事們上了一課。

這件事立刻傳遍整個公司，上上下下立刻心生警惕，不敢再隨意浪費公司的物品。由於士光以身作則，公司上下經過點點滴滴的努力，東芝公司慢慢開始好轉起來，並發展成為舉足輕重的企業。

管理心得：身為一名管理者，要比員工付出加倍的努力和心血，以身示範，激勵士氣。

心得欄 ------------------------------

----

32 要有為下屬挺身而出的膽魄

自己的下屬被誤解、被冤枉或者受到了不公正的對待，身爲他的上司是置之不問還是挺身而出？尤其當這個下屬得罪的是自己的上司時，這種抉擇更難以做出。

但是，如果經營者把自己定位成一個公正的維護者，一切就迎刃而解了。

北宋宰相趙普對臣僚中有治跡、有才能的一定依章升遷。一次，他把幾位應當升職臣僚的情況寫成公牘，呈給太祖批閱。誰料太祖對這幾位一向厭惡，因此，不予批准。趙普毫不氣餒，再三請命，太祖甚不高興，冷冷地說：「朕固不爲遷官，卿若之何？」趙普臉不變色，振振有辭地說：「刑以懲惡，賞以酬功，古今通道也。且刑賞天下之刑賞，非陛下之刑賞，豈得以喜怒專之。」太祖聽後怒火萬丈，起身到後宮，趙普也緊跟不捨。太祖入寢宮，趙普恭立於宮門外，久之不去。太祖爲之所動，諭允其請。

南宋初年，呂頤浩做相。他對下屬十分嚴厲，如有工作疏忽或忤意者，動輒訓斥，甚至批其面頰。有的臣僚官品很高，慚於同列，便叩頭請曰：「故事，堂吏有罪當送大理寺，准法行遣。今乃受辱如蒼頭，某輩賤役不足言，望相公少存朝廷體面。」

呂頤浩大怒，斥責他們說：「今天子巡行海甸，大臣皆著草履行沮洳中。此何等時，汝輩要存體面！俟大駕返舊京，還汝體面未遲。」群臣本來一懷怨屈，現在聽後卻相顧而視，紛紛稱善，又默默地回到各自的位子上。

然而也有許多宰相，雖爲百官之長，居高臨下，卻能寬厚待下，或好申下人之善，爲之揚善隱過，藉以和睦關係，取信於臣僚。這大概也是丞相馭臣治國的一種高明手段吧。

張安世，字子孺，杜陵人。漢昭帝時，任右將軍、光祿勳，封富平侯。昭帝死，他與霍光共征立昌邑王，後昌邑王淫行無道，又與霍光定策廢立，迎立宣帝。他多年職典樞密，治政謹慎，爲人寬容。曾有郎飲酒大醉，溺於殿堂，有司奏請以法懲治，他卻袒護道：「何以知其不反水漿邪？如何以小過成罪！」又有屬吏調戲官婢，婢之兄長告於張安世，他又回護說：「奴以恚怒，誣汙衣冠。」並將這奴婢另作安排，以防因她礙其屬吏升遷。

盛唐名相韓休對有過之屬下採取先除大奸、寬容小臣的做法。當時萬年尉李美玉有罪，唐玄宗敕令將他流放到嶺南。韓休認爲不妥，辯解道：「美玉卑位，所犯又非巨害，今朝廷有大奸，尙不能去，豈得捨大而取小也！臣竊見金吾大將軍程伯獻，依恃恩寵，所在貪冒，第宅輿馬，僭擬過縱。臣請先出伯獻而後罪美玉。」玄宗不允。韓休進一步爭辯說：「美玉微細猶不容，伯獻巨滑豈得不問！陛下若不出伯獻，臣即不敢奉詔流美玉。」面對韓休的公正無私，玄宗終於聽從了韓休的意見。

公平公正對爲官者是件難以做到的事情，因爲有時候需要以自己的官位爲代價。而能夠做到這一點爲下屬仗義執言的人，也必會得到下屬以及多數人的尊崇。

下屬遇到困難或受到不公正的對待，需要你搭一把手的時候，作爲經營者是裝聾作啞還是挺身而出？裝聾作啞則從此對於下屬再也沒有威望和魅力可言。挺身而出則需要承擔一定的風險。但是無論如何，對經營者而言這都是個只能一方到底的原則問題。

33 在原則問題上犯不得絲毫糊塗

一個經營者可以無學識、無資歷、無謀算，惟一一樣不能無的是原則問題上清醒的頭腦。腦袋裏時刻繃緊這根弦，便不會犯方向性的大錯誤，不會被別有用心的人所利用。

也許，唐朝時李瑗被手下大將王君廓利用和坑害的例子能讓我們領悟些什麼。

王君廓本是個盜賊頭子，投降唐朝後，憑藉超絕的武藝和勇猛作戰，立下了不少戰功。然而真要謀取大官，更需要的是政治資本，所以王君廓的戰功只換來一個不起眼的小官——右領軍。王君廓不滿現職，希望能在政治上找一樣「奇貨」，換一個大官，但這「奇貨」到那去找呢？

機會來了。唐高祖有個孫子叫李瑗，無謀無斷，不但無功可述，還爲李唐家族鬧過不少笑話，但高祖因顧念本支，不忍心加罪，僅僅把他的官位一貶再貶。這一次高祖調任李瑗爲幽州都督，因爲怕李瑗的才智不能勝任都督之位，便特地命右領軍將軍王君廓同行輔政。李瑗見王君廓武功過人，心計也多，便把他當作心腹，許嫁女兒，聯成至親，一有行動，便找他商量。王君廓卻自有打算，他想現成的「奇貨」難得，何不無中生有造他一個？無勇無謀卻手握兵權的李瑗，稍稍加工，其腦袋可不就是政治市場上絕妙的「奇貨」嗎？於是，他開始精心加工他的「奇貨」了。

李世民發動「玄武門事變」，殺了太子李建成、齊王李元吉，自己坐上了太子之位。不少皇親國戚對此事公開不敢議論，但私下各有各的看法。對於李世民做了太子之後，還對故太子、齊王家採取了「斬草除根」的做法，大家更是認爲太過殘忍。李世民對此，當然也是心裏有數。王君廓爲撈政治資本，對這一政治背景更是清清楚楚。於是，當李瑗來問他「現在該不該應詔進京」時，他便煞有介事地獻計道：「事情的發展我們是無法預料的。大王，奉命守邊，擁兵 10 萬，難道朝廷來了個小小使臣，你便只好跟在他屁股後面乖乖地進京嗎？要知道，故太子、齊王可是皇上的嫡親兒子，卻也要遭受如此慘禍，大王你隨隨便便地到京城去，能有自我保全的把握嗎？」說著，竟作出要啼哭的樣子。

李瑗一聽，頓時心裏「明朗」了，奮然道：「你的確是在爲我的性命著想，我的意圖堅定不移了。」於是李瑗糊裏糊塗地把朝廷來使拘禁了起來，開始徵兵發難，並召請北燕州刺史王詵爲軍事參謀。

兵曹參軍王利涉見狀趕忙對李瑗說：「大王不聽朝廷詔令，擅自發動大兵，明明是想造反。如果所屬各刺史不肯聽從大王之令跟隨起兵，那麼大王如何成功得了？」

李瑗一聽，覺得也對，但又不知該怎麼辦。王利涉獻計道：「山東豪傑，多爲竇建德部下，現在都被削職成庶民。大王如果放榜昭示，答應讓他們統統官復原職，他們便沒有不願爲大王效力的道理。另外，再派人連結突厥，由太原向南逼進，大王自率兵馬一舉入關，兩頭齊進，那麼過不了十天半月，中原便是大王的領地了。」

李瑗得計大喜，並非常「及時」地轉告給了心腹副手王君廓。王君廓清楚，此計得以實施，唐朝雖不一定即刻滅亡，但也的確要碰到一場大麻煩，自己弄得不好要偷雞不成蝕把米，於是趕忙對李瑗說：「利涉的話實在是迂腐得很。大王也不想想，拘禁了朝使，朝廷那有不發兵前來征討之理？大王那有時間去北聯突厥、東募豪傑呀？如今之計，必須乘朝廷大軍未來之際，立即起兵攻擊。只有攻其不備，方有必勝把握呀！」

李瑗一聽，覺得這才是真正的道理。便說：「我已把性命都託付給你了，內外各兵，也就都托你去調度吧。」王君廓迫不及待地索取了信印，馬上出去行動了。

王利涉得此消息，趕忙去勸李瑗收回兵權。可就在這時，王君廓早已調動了軍馬，誘殺了軍事參謀王詵。李瑗正驚惶失措，卻又有人接二連三地來報王君廓的一系列行動：朝廷使臣已被王君廓放出；王君廓暗示大眾，說李瑗要造反；王君廓率大軍來捉拿李瑗……李瑗幾乎要嚇昏過去，回頭求救於王利涉，王利涉見大勢已去，早跑了個無影無蹤。

李瑗已無計可施，帶了一些人馬出去見王君廓，希望能用言語使王君廓回心轉意。沒想到，王君廓與他一照面，便把他抓了起來，不容分說就把他送給了朝廷。

李瑗是個糊塗人，但千不該萬不該，他不該在忠於和背叛李氏朝廷的問題上犯糊塗。人們一提到智慧二字好像只有能掐會算、運籌帷幄才算得上智慧，實際上在任何情況下抓住船舵不放手的經營者，才是有大智慧，才能經得起風浪。

經營者的小故事

烤　火

寒冷的冬天裏，一群人點起了一堆火。大火熊熊燃燒，烤得人渾身暖烘烘的。

有個人想:「天這麼冷，我絕不能離開火，誰愛撿柴誰撿去，反正我不去。」其他人也都這麼想。於是這堆無人添柴的火不久便滅了，這群人全被凍死了。

又有一群人點起了一堆火，一個人想:「如果大家都只烤火不撿柴，這火遲早會熄滅的，我要趁火滅之前趕緊去撿柴。」其他人也都這麼想，於是大家紛紛都去撿柴。可這火不久也熄滅了，原因是大家只顧撿柴，沒有烤火，都被陸續凍死在了撿柴的路上。火最終因缺柴而滅。

又有一群人點起了一堆火，這群人沒有全部圍著火堆取暖，也沒有全部去撿柴，而是制定了輪流取暖撿柴的制度，一半人取暖，一半人撿柴。於是每個人都得去撿柴，每個人也都得到了溫暖。火堆因得到了足夠的柴源不斷地燃燒，大火和生命都延續到了第二年春天。

管理心得：積極主動，忘我犧牲，對於一個企業、一個團隊來說，是一種難得的精神，但絕不能是其生存的根本。靠主動、靠奉獻只能維持一時，鐵的制度才能維持長久，這是企業戰勝危機的盾牌。

心得欄 --

----

34 推行變革要以強力的手段

無論那朝那代，對於現狀的任何改變都會引起保守者的反對、阻攔，但是勢在必行的變革會給社會帶來巨大的收益，這個時候是以維持暫時的局面爲重退避三舍，還是從局面的長治久安出發以強力推行變革，是每一個管人者都面臨的難題。

戰國秦孝公時，商鞅在秦國推行變法。一天，孝公主持高層會議，聽取大臣們對改革這件事的看法。商鞅首先就改革的一些原則問題作了闡釋：「事情要當機立斷，否則機會便一縱即逝。改革超越了世俗常規，肯定會受到世人說三道四的，所以在計劃實施階段不必向百姓宣告，只讓他們享受成果就行了。不迎合世俗是爲大德，不盲從大眾是爲大功。只要能富國強兵，何必拘泥於以往！只有果斷行事，從舊習慣入手改造，人民才能獲得利益。」

大臣甘龍駁斥商鞅：「聖人不改變習俗而引導人民，不改變法令而能治好國家。從習慣上引導人民，水到渠成，會取得好的效果；駕輕就熟，更加務實。」

商鞅答辯道：「凡夫俗子依賴習俗，學者只滿足於知識，這兩種人只知道在官吏的統治下遵守舊有法律，而不知道向前邁出一步。而自古至今，禮與法不是一成不變的。夏殷商三代禮各不同，而終成帝業；春秋五霸方法各異，而均成霸主。任何時代都是智者制定法律，愚者遵循；賢者修正禮節，愚者受它束縛。」

大臣杜摯也堅決反對改革，以為照已有的方法去做，才不會出差錯，如果別出新裁，則有亡國之虞。

商鞅激烈地抨擊道：「湯王、武王沒有依從古法而成為王者，夏桀、殷紂沒有改變古禮而導致亡國。不跟古人學，才當湯、武；墨守成規，必成桀、紂。不能以為違反了習慣就會遭到責難，也不能以為遵守了舊禮就能得到稱譽。」

這次辯論，終於使反對派理屈辭窮，使左右為難的孝公下定了改革的決心。

西元前 359 年，商鞅起草了第一步變法方案，秦孝公命令頒佈全國施行。其主要內容是：

設立戶籍，五家為「伍」，十家為「什」，實行連坐法。一家有罪，九家如不舉發，連帶受罰，處以腰斬；如果告發，給予殺敵人相同的獎賞。這樣，使得人民互相監視、告發，以此加強法令的權威。並且施行「居民身份證」制度，投宿旅舍，必須帶證明憑證；沒有憑證，不能來往，不能住店。

家庭管理，實施分家居住制度，一家有兩個以上成年男子，必須分家獨立，否則課以兩倍稅金。以此來增加人口，促進生產力的發展。

獎勵軍功，按功勞大小決定官職大小和爵位的高低。功勞以獲得敵人首級多少為標準，斬一首級為一功，升一級。功勞大的田宅車馬、奴婢衣服任其享受；有錢而沒有功勞一律不得享受。貴族、宗室也以此論，而私鬥者雙方都課以刑罰。以此鼓勵與敵作戰，達到強兵的目的。

獎勵耕織。只要穀物與布匹上繳到一定數量，便可免除賦稅和勞役，這叫「務本」；凡是經營「末業」做買賣生意，連同妻兒一概沒入官府爲奴，以此來刺激農業生產。

從此，貴族領主失去了特權，秦國成爲地主制度的國家。極力反對變法的大夫甘龍、杜摯等人被削職爲民，一批反對新法的人被處以腰斬、抽筋、下油鍋、車裂分屍等酷刑。幾年以後，糧食增加了，生活富裕了，思想意識也發生了很大的變化。

前 354 年，秦發兵攻魏，佔領了魏國少梁，打了一個大勝仗，後又奪回西河，逼得魏國求和。魏惠王非常後悔，沒聽信公孫痤殺了商鞅。商鞅也因其赫赫大功，被封爲商於侯，稱爲商君。

西元前 350 年，商鞅又實行了第二步的變法。這次變法的主要內容是：

遷都咸陽，大造宮殿，使秦宮煥然一新；將原來的鄉、邑、聚等合併爲縣，全國共設 40 餘個縣，每縣設令、丞，負責政務，由國王直接任命。中央集權制正式建立。

廢止井田制，推行稅畝制。舊時爲備車戰，田間辟有南北、東西通車大道，叫阡、陌，成爲「井」字，後因少用兵車而多用步騎，故頒令開墾阡陌，破除以此爲標誌的封建領主的「封疆」標誌和制度，誰開墾的荒地歸誰所有，並且可以自由買賣，大大提高了農業生產力。按畝徵稅，也大大增加了國庫收入。

商鞅仍用嚴厲手段推行這次改革，據說有一天竟殺了 700

多人，將渭河的水都染紅了。

但是，這時作爲太子的駟也批評起新法來了。商鞅也知道自己終究要在他手下稱臣，但他更知道，這是對改革的嚴峻考驗。他以爲，國家法令必須人人遵守，才有威望；太子犯法，師傅擔當責任。於是，將太子駟的兩個老師，一個割了鼻子，一個臉上刺了字。

據說，在變法之初，商鞅爲了取信於民，曾將一根柱子豎在南門上，然後發出命令：「誰要把這根柱子扛到北門，賞銀10兩。」圍觀的人根本不相信，以爲是開玩笑。商鞅一看，沒一個去扛的，又加到50兩。人們慫恿一個傻乎乎的人去扛，果然，得到了賞銀。從這件事的反面，我們也看出商鞅變法的力度和嚴刑峻法之烈。

實行變法10多年後，秦國國力大爲增強，內政清明，生活安定，逢戰必勝。爲以後秦國一統天下創造了雄厚的物質和政治基礎。

大到一個國家，小到一個單位，去舊立新是一個永恆的主題，也是每一位經營者面臨的最複雜、最艱巨的任務。所以經營者進行的那怕是小範圍、小幅度的變革，都必須以十二分的決心，以強有力的手段去展開，否則，來自四面八方的阻力會讓你寸步難行。

經營者的小故事

現實與目標

有一個哲學家外出，經過一個建築工地，他走過去問石匠說:「你們在做什麼？」三個石匠有三個不同的回答。

第一個石匠回答:「我在做養家糊口的事，混口飯吃。」

第二個石匠回答:「我在做最棒的石匠工作。」

第三個石匠回答:「我正在蓋一座教堂。」

如果我們用「自我期望」、「自我啟發」和「自我發展」三個指標來衡量這三個石匠，就會發現第一個石匠的自我期望值太低。在職場上，此類人缺乏自我啟發的自覺性和自我發展的動力。

第二個石匠的自我期望值過高。在團隊中，此類人很可能是個獨來獨往、「笑傲江湖」式的人物。

第三個石匠的目標才真正與工程目標、企業目標高度吻合，他的自我啟發意願與自我發展行為會與企業目標的追求形成和諧的合力。

著名的管理大師德魯克曾說:「目標管理改變了經理人過去監督部屬工作的傳統方式，取而代之的是主管與部屬共同協商具體的工作目標，事先設立績效衡量標準，並且放手讓部屬努力去達到既定目標。」這種雙方協商一個彼此認可的績效衡量標準的模式，自然會形成目標管理與自我控制。

目標管理的核心是建立一個企業內的目標體系，全體員工各司其職，各盡其能，推進企業目標的實現。在一個企業的目標體系中，總經理的目標、部門經理的目標、工廠主任的目標各不相同，但他們的目標都和企業整體目標息息相關。

企業整體目標的實現，有賴於各部門目標的順利實現。只靠一個部門的努力是不會成功的。

管理心得：一個優秀的管理團隊，必然會制訂一個合理的企業目標，把這個目標分解成一系列的子目標，並把這個子目標化解到每一個員工的心裏去，落實到每一個員工的行動上。這種目標帶來的激勵效應是非常重要的。

心得欄

35 威嚴的領導形象是可以「製造」的

經營者與普通人的區別之一是不能完全依本性率意而爲，領導形象需要威嚴，那就要適時地呈現出自己威嚴的一面——那怕刻意去「製造」威嚴，這也是領導藝術的重要組成部份。

劉邦在定陶稱帝時，限於當時的條件，儀式舉行得非常簡單。他的那些文臣武將們，多數出身於布衣，對官場上的禮儀規矩，既不瞭解，也不習慣。大家多年在一起征戰，互相都很熟悉，彼此之間隨便慣了，沒有形成高低貴賤的等級觀念。因此，朝廷舉行宴會時，群臣互相爭功，喝醉了，狂呼亂叫，甚至拔劍擊樁，全不把皇帝的威嚴當回事。劉邦對此非常焦慮。

這時，有個叫叔孫通的人，建議劉邦制定一套禮儀，即上朝的儀式。

劉邦聽了很高興，但對這心中無數，問：「這套禮儀該不會很難吧？」叔孫通回答：「古代各個朝代都有自己的禮儀。這些禮儀都是根據需要制定出來的，又是爲當時的人和事服務的。臣想往來古時各代禮儀之長，參照秦朝的制度，結合現在的實際，定出一套新的規章，由陛下審核。」劉邦點點頭，叮嚀他：「可以試一試，但不要弄得太繁雜了。簡單一點，使大家好學習，好領會。」

叔孫通在魯地仔細篩選了 30 多個儒生。其中有兩個人堅決不願應聘，並罵他說：「你侍奉過的主子將近 10 個了。光知道靠拍馬屁得到器重，按照古代的規矩，制利作樂，需要積德百年以後才可考慮。如今天下初定，戰死的沒有埋葬，受傷的尚未痊癒，你又想出這個風頭，真是異想天開，褻瀆聖明。我們不願受你愚弄，去白費力氣。」叔孫通反唇相譏：「不識時務的腐儒，因循守舊的老朽，沒有你們的參與，事情照樣辦得成功。」

叔孫通組織 30 個魯儒，按尊君抑臣，上寬下嚴的精神，擬定了詳盡的禮儀規則。又在京城外找了一處僻靜的地方，週圍用席嚴嚴實實地隔擋起來，中間用木棍和竹竿做成各種標記，作爲排練場。他領著自己的門生和高祖皇帝派來的官員共百餘人，吃住在裏面，按規則緊張地操演了一個多月，各人基本熟悉了，再請高祖皇帝審閱。劉邦親自實踐了一番，高興地說：「這我完全學得會！」隨即傳旨：所有文武大臣都去郊外跟叔孫通認真學習。

由丞相蕭何主持修葺的長樂宮竣工後，劉邦指示，於漢七年元旦在新落成的長樂宮舉行首次朝賀大典。這一天，東方剛剛泛白，禮官就讓早早恭候在殿外的文武官員按職位高低排列成序。大殿上下，五色龍鳳旗迎風招展，鐘鼓聲起落有致。衛士執後，郎中執前，精神抖擻地站在臺階兩側。司儀發一聲「趨」的命令，百官一律踏著整齊的碎步，小跑著進入大殿。列侯武將在西邊，面朝東；丞相以下文官站在東邊，面朝西，個個誠惶誠恐，雙手垂立，恭候皇帝駕臨。皇帝坐著輦車，在近侍的簇擁下，從寢宮裏緩緩駛來，在龍床上面向南巋然而坐。司儀官指揮群臣依次恭恭敬敬地爲皇帝祝壽。酒過九巡，司儀宣佈：「酒宴到此結束！」群臣依序退出。整個儀式自始至終秩序井然。臣僚們目不敢亂視，頭不敢仰觀，甚至大氣也不敢吭一聲。幾個大臣的動作稍微有點不夠規範，立即就被負責監察的禦史帶出殿堂。所以，這一天沒有發生一件犯規越禮的事情。

劉邦的心情特別高興，情不自禁地說道：「寡人今天知道做皇帝的尊貴了！」

古代帝王對服飾、儀式的重視自有其深意，這種意義不僅僅在於如漢高祖所言「知道做皇帝的尊貴」，更在於在形式上人爲地製造威嚴、威望，從而爲其建立、使用威權鋪路。

帝王們無所不用其極，在「製造」威儀、威嚴上也是如此。今天，我們應該用歷史的辯證的眼光看待它。時至今日，儘管古人的做法大多已不合時宜，甚至成爲必須唾棄的糟粕，但不能否認的是，其中包含的某些領導藝術還是值得我們思索的。

心得欄 --

36 放下架子才能成事

經營者不可陷入爲威而威的怪圈，必須清楚一點，保持威嚴形象的目的是爲了成事，而僅僅依靠威嚴的形象是無法應對複雜局面、無法成事的，因此，「面方」之後的「手圓」──靈活的處理問題的手段就顯得不可缺少。

我們還是看看以鐵腕治國而聞史的秦始皇，是如何放下架子來成事的吧。

王翦是秦國名將，頻陽東鄉人，曾先後領兵平定趙、燕、薊等地。

王翦之先出於姬姓周朝的國姓。東周靈王的太子晉因爲直諫而被廢爲庶人，其子宗敬爲司徒，時人稱爲「王家」，因以爲氏，從此改姓王氏。王翦「少而好兵，始皇師之」。王翦用兵多謀善斷，他還是嬴政的軍事老師。

秦王嬴政二十一年，在滅亡韓、趙、魏，迫走燕王，多次打敗楚國軍隊之後，秦王嬴政決定攻取楚國。發兵前夕，秦王嬴政與眾將商議派多少軍隊入楚作戰。青年將領李信聲稱：不過用 20 萬人。而老將王翦則堅持：非 60 萬人不可。李信曾輕騎追擊燕軍，迫使燕王喜殺死派荊軻入秦行刺的太子丹，一解秦王心頭之恨，頗得秦王賞識。聽了二人的話，秦王嬴政認爲王翦年老膽怯，李信年少壯勇，便決定派李信與蒙武率領 20 萬人攻楚。王翦心中不快，遂藉口有病，告老歸鄉，回到頻陽。

秦王嬴政二十二年，李信、蒙武攻入楚地，先勝後敗，「亡七都尉」，損失慘重。楚軍隨後追擊，直逼秦境，威脅秦國。秦王嬴政聞訊大怒，但也無計可施，此時他才相信王翦的話是符合實際的。但王翦已不在朝中，於是秦王嬴政親往頻陽，請求王翦重新「出山」。他對王翦道歉說：「寡人未能聽從老將軍的話，錯用李信，果然使秦軍受辱。現在聽說楚兵一天天向西逼近，將軍雖然有病，難道願意丟棄寡人而不顧嗎？」言辭懇切，出於帝王之口實屬不易。但是王翦依然氣憤不平，說：「老臣體弱多病，腦筋糊塗，希望大王另外挑選一名賢將。」秦王嬴政再次誠懇道歉，並軟中有硬地說：「此事已經確定，請將軍不要再推託了。」王翦見此，便不再推辭，說：「大王一定用臣，非六十萬人不可。」秦王嬴政見王翦答應出征，立刻高興地說：「一切聽憑將軍的安排。」

秦王嬴政二十三年，秦王嬴政盡起全國精兵，共 60 萬，交由王翦率領，對楚國進行最後一戰。他把希望全部寄託在王翦身上，親自將王翦送至灞上，這是統一戰爭中任何一位將領都未曾得到過的榮譽。嬴政與眾不同的性格再次顯露出來，他知錯就改、用人不疑的品性，使他再次贏得了部下的信任，肯爲之賣命。

受到秦王如此信任和厚愛，對榮辱早已不驚的王翦絲毫沒有飄飄然之感，他知道，秦國的精銳都已被他帶出來了，而如果得不到秦王的徹底信任，消除他的不必要的顧慮，自己在前方是無法打勝仗的，而且他本人和全家乃至整個家族的命運都不會有一個完美的結局。所以，當與秦王分手時，王翦向秦王「請美田宅園甚眾」。對此，秦王尙不明白，他問：「將軍放心去吧，何必憂愁會貧困呢？」王翦回答：「作爲大王的將軍，有功終不得封侯，所以趁著大王親近臣時，及時求賜些園池土地以作爲子孫的產業。」秦王聽後，大笑不止，滿口答應。大軍開往邊境關口的途中，王翦又五度遣人回都，求賜良田。對此，秦王一一滿足。有人對王翦說：「將軍的請求也太過分了吧！」王翦回答：「不然！秦王粗暴且不輕易相信人。如今傾盡秦國的甲士，全數交付我指揮，我不多請求些田宅作爲子孫的產業以示無反叛之心，難道還要坐等秦王來對我生疑嗎？」

王翦不僅會用兵，而且深知爲臣之道，他摸透了秦王嬴政的爲人品性，所以採取了「以進爲退」的策略，以消除秦王對自己可能的懷疑之心。同時，從王翦的話語中可以看出，秦國的制度是十分嚴密的，王翦率領全部精銳遠出作戰，不僅不敢生反叛之心，反而一而再、再而三地向秦王表示不反之心。不是不生，而是不能也。秦國嚴密的維護君權的制度，使得任何人不敢造次。

王翦不負重托，經過一年的苦戰終於滅亡了楚國。

對王翦在滅楚問題上前後態度的變化，顯示了秦王嬴政所具備的非凡的操縱局面的才能。這種素質和才能不是每一個人都具備的，也不是每一位君主或最高領導人所能夠具備的，它是秦王嬴政得以實現統一中國的基本保證。所以秦始皇能夠滅六國、統一中國不是偶然的。

一個常以自傲面孔示人、以鐵腕手段馭下的人，要他放下架子、以企求的姿態對人似乎是難以做到的事情，但秦始皇不但做到了，而且做得主動自然。實際上這正顯示了一位政治家高超的領導技巧和靈活的處事手段。他放下的是個人的架子，搭起的卻是強國制勝的梯子。

37 聽得進意見，才能撐得起場面

有些經營者剛愎自用，認爲聽取別人即使是合理的、善意的意見，也是對個人尊嚴和權威的損害。其實正好相反，能夠及時聽取別人意見的人，才能靈活而正確地看待和處理各種問題，才能撐得起場面。

君主親自聽政、定期視朝，本是我國古代舊制。清初，順治皇帝採納魏象樞等人的建議，定逢五視朝的制度，平時則不定期地到乾清門聽理政務。康熙帝除堅守逢五視朝的定制外，並將禦門聽政作爲一項經常性制度來執行。由於逢五三日常朝禮儀隆重，一般是臣下參拜、升轉各官謝恩、貢禮行禮等例行禮儀，並不研討具體政務，故康熙在常朝之後仍去乾清門聽政，禦門聽政成爲康熙接見臣下處理日常政務的最主要形式。

康熙熱衷禦門聽政，既是反對權臣鼇拜的需要，也是對輔政時期政治的重大改進。因爲在輔政時期，諸司章奏都是到第二天看完，而且是由輔政大臣等少數幾個人於內廷議定意見，其他大學士不能參與其事，鼇拜等人便借機將奏疏帶回家中任意改動，以達到結黨營私的目的。而禦門聽政則使年輕的康熙皇帝走出內廷這個狹小的圈子，可以與朝廷大臣廣泛接觸，從而考察其優劣，亦可團結他們，取得支持，增強剷除權臣的勇氣和信心。聽政時，康熙與大臣們直接見面，共商國事，而且官員比較廣泛，包括大學士、學士、九卿、詹事、科道等官，從而對輔政大臣的行爲形成某種程度的制約，對某些擅權越軌行爲也能及時發現和制止。

康熙發現，自己每天早起聽政，而部院衙門大小官員都是分班啓奏，甚至有一部份作數班者，認爲「殊非上下一體勵精圖治之意」，便於二十一年五月頒旨規定：「嗣後滿漢大小官員，除有事故外，凡有啓奏事宜俱一同啓奏，」無啓奏事宜的滿漢大小官員亦應同啓奏官員一道，每日黎明齊集午門，待啓奏事畢方准散去；有怠惰規避，不於黎明齊集者，都察院及科道官員察出參奏。但官員們貫徹起來確實有困難，他們不比皇帝，就住在乾清門旁邊，他們「有居住僻遠者，有拮据輿馬者，有徒步行走者，有策蹇及抱病勉行者」。由於需提前齊集午門守候，他們必須每天三更即起，夜行風寒，十分辛苦，以致白天辦事時精神倦怠。後經大理寺司務廳司務趙時揖上疏反映此情，康熙深爲感動，立即採納，於 9 月 21 日重新規定：每天聽政時間向後順延半個時辰，即春夏七時，秋冬八時，以便啓奏官員從容入奏；九卿科道官原系會議官員，仍前齊集外，其他各官不再齊集，只到各衙門辦理事務；必須啓奏官員如年力衰邁及患有疾病，可向各衙門說明後免其入奏。此後又罷值班糾劾失儀的科道官員，以便官員們暢所欲言；年老大臣可以「量力間二三日一來啓奏」。

官員們也擔心康熙每天早起聽政過於勞累，一再建議更定禦門日期，或三天或五日舉行一次。但康熙認爲：「政治之道務在精勤，厲始圖終，勿宜有間。」如果做到「民生日康，刑清政肅，部院章奏自然會逐漸減少。如果一定要預定三日五日爲常朝日期，不是朕始終勵精圖治的本意」，因此對臣下們的好意婉言拒絕。

康熙理政十分認真，各部院呈送之本章無不一一盡覽，仔細批註，即使其中的錯別字都能發現改正，翻譯錯誤之處也能改之。章奏最多時每天有三四百件，康熙都「親覽無遺」。由於親閱奏章，他對臣下處理政事敷衍塞責、手續繁瑣等作風都能及時發現，並予解決。

針對一事兩部重覆啓奏的問題，康熙令會同啓奏，不僅簡化了手續，有利於提高效率，而且經兩部協商討論後，所提建議往往更實際，不至舛錯。

總體而言，康熙繼承和發展的禦門聽政制度，對及時瞭解下情，發揮群臣智慧，集思廣益，使國事決策儘量避免偏頗，政務處理迅速及時，對保證封建國家的統治效能，起到了重要的作用，也是康熙朝政治生活的一大特點。

作爲少數民族入主中原的封建王朝，清廷一開始就面臨著與土著漢人之間的民族矛盾問題，特別是在順治年間曾形成一場大規模的群眾性抗清運動。這場運動雖以清王朝的勝利而告終，卻給予新興的清王朝以沉重的打擊，使清朝統治者認識到：要想在幅員遼闊、人口眾多、而且經濟文化發達的中原地區站穩腳跟，就必須重視滿漢關係，緩和滿漢民族矛盾。在這一點上，康熙的作爲值得稱道。

可以說，正是由於康熙帝善於聽取各方面的意見，使得他能及時瞭解各方面的情況，對一些重大問題有正確的認識，這是清朝在康熙治內迅速走向強盛的主要原因之一。

何謂撐得起場面？也就是經營者能夠始終把局面操縱在自己可以掌控的範圍之內。能夠聽得進意見的人，可以使下情上達，可以開拓思路，可以從眾議中找到最好的方法，總之，可以最大限度地保證手段的靈活性。

心得欄

38 要有招徠人才的手段

力與威是相輔相成的，不管對於經營者個人還是他所領導的團隊，只要能展現出過人的力量，便是水到渠成的事情。如何才能達到威猛的境界，成就一番大氣候呢？有句俗話叫作「眾人拾柴火焰高」，高明的經營者無一不是善於招徠人才、使用人才的高手。

戰國初期，魏國是最強的國家。這同國君魏文侯（魏斯）的賢明是分不開的。他最大的長處是禮賢下士，知人善任，器重品德高尚而又具有才幹的人，廣泛搜羅人才，虛心聽取他們的意見，善於發揮他們的作用。因此，許多賢士能人都到魏國來了。

魏國有一個叫段幹木的人，德才兼備，名望很高，隱居在一條僻靜的小巷裏，不肯出來做官。魏文侯想同他見面，向他請教治理國家的方法。有一天，他坐著車子親自到段幹木家去拜訪。段幹木聽到文侯車馬響動，趕忙翻牆頭跑了。魏文侯吃了閉門羹，只得快快而回。接連幾次去拜望，段幹木都不肯相見。但是，魏文侯對段幹木始終非常仰慕，每次乘車路過他家門口，都要從座位上起來，扶著馬車上的欄杆，佇立仰望，表示敬意。

車夫問：「您看什麼吶？」魏文侯說：「我看段幹木先生在不在家。」車夫不以爲然地說：「段幹木也太不識抬舉了，您幾次訪問他，他都不見，還理他幹什麼！」魏文侯搖了搖頭說：「段幹木先生可是個了不起的人啊，不趨炎附勢，不貪圖富貴，品德高尚，學識淵博。這樣的人，我怎麼能不尊敬呢？」後來，魏文侯乾脆放下國君的架子，不乘車馬，不帶隨從，徒步跑到段幹木家裏，這回好歹見了面。魏文侯恭恭敬敬地向段幹木求教，段幹木被他的誠意所感動，給他出了不少好主意。魏文侯請段幹木做相國(當時一國的最高行政長官)，段幹木怎麼也不肯。魏文侯就拜他爲老師，經常去拜望他，聽取他對一些重大問題的意見。這件事很快傳開了。

人們都知道魏文侯「禮賢下士」，器重人才。一些博學多能的人，如政治家翟璜、李悝，軍事家吳起、樂羊等都先後來投奔魏文侯，幫助他治理國家。

當時，魏國已經建立了封建政權，新興地主階級登上了政治舞臺。可是，無論在政治、經濟還是思想意識方面都還存在不少奴隸制的殘餘，嚴重阻礙著魏國的發展。

魏文侯決心加以改革。他任李悝爲相國，經常同他商討國家大事。李悝也積極地提出許多建議。有一天，魏文侯問李悝，怎樣才能招募更多有才能的人到魏國來，李悝沒有回答，反問道：「主公，您看過去傳下來的世卿世祿制怎麼樣？」魏文侯說：「看來弊病甚多，需要改革。」李悝點點頭說：「這個制度不改，就不可能起用真正有才能的人，國家就治理不好。」

原來，按照「世卿世祿制」，奴隸主貴族的封爵和優越俸祿是代代相傳的，父傳子、子傳孫，即使兒子沒什麼本領，沒立什麼功勞，照樣繼承父親的封爵和俸祿，享受貴族的種種特權，過著養尊處優的生活。一些真正有才能的人，只因爲不是貴族，就被這種制度卡住了，很難得到應有的地位。李悝把這個問題分析給魏文侯聽，魏文侯十分同意他的看法。又問：「那麼如何改革呢？」

李悝早就胸有成竹，不慌不忙地說：「我們必須廢除世卿世祿制。不管是貴族還是平民，誰有本事有功勞，就給誰官做，給誰俸祿；按本事和功勞大小分派職位；有功的一定獎賞，有罪的適當處罰。對那些既無才能又無功勞而又作威作福的貴族，採取斷然措施，取消他們的俸祿，用這些俸祿來招聘人才。這樣，四面八方的能人賢士就會到魏國來了。」魏文侯聽了，非常高興，叫李悝起草改革的法令，不久就在全國執行了。這項改革，剝奪了腐朽沒落的奴隸主貴族的「世襲」特權，增加了新興地主階級參預政治的機會，爲鞏固魏國的封建政權創造了條件。

接著，魏文侯又採納了李悝的建議，在經濟上進行了改革。李悝算了一筆細賬：一個五口之家的農民，種 20 畝地，每年收穫的糧食，除去交租納稅和自己家的口糧以外，就剩不下什麼了。如果遇到生病辦喪事，或者國家增加苛捐雜稅，日子就更難過了。爲了改善農民的生活，就必須增加糧食產量。當時魏國大約有幾百萬畝土地，除去山、河、城、邑，可耕地只有 600 萬畝。如果農民精耕細作，每畝可增產三鬥糧食；相反，就要減產三鬥糧食。這樣一增一減，全國就相差 180 萬石糧食。所以，他建議實行「盡地力」的政策，就是積極興建水利，改進耕作方法，以充分發揮土地的潛力。同時，李悝還創立了「平糴」法：豐收年景，市面上糧價便宜，爲了不使農民吃虧，國家把糧食照平價買進；遇到荒年，市面上糧價昂貴，國家仍照平價把糧食賣出。這樣，不管年成好壞，糧價一直是平穩的，人民生活比過去安定，國家的賦稅收入也得到了保證。

李悝還搜集整理了春秋末期新興地主階級制定的法律，創制了歷史上第一部比較系統的封建法典——《法紀》，用法律形式把封建制度固定下來，保護地主階級的政治經濟特權。

魏文侯很贊成李悝的主張和措施，實行了這一套辦法以後，魏國很快就富強起來了。

魏文侯看國家實力增強了，就要去攻打中山國。翟璜推薦樂羊做大將，說他文武雙全，善於帶兵，準能把中山打下來。可是有人反對，說：「樂羊的兒子樂舒在中山當大官，他肯出力拼命地攻打中山嗎？只怕他疼愛兒子，到時候會心軟。」翟璜說：「樂羊可是一個忠心爲國的人。樂舒曾經替中山國君聘請樂羊去做官，樂羊認爲中山國君荒淫無道，不但沒去，還勸兒子離開，可見他是很有見地的。」

文侯把樂羊找來，對他說：「我想讓你帶兵去平定中山，您兒子在那兒做官，怎麼辦？」樂羊說：「大丈夫爲國家建功立業，要是破不了中山，甘願受處分！」魏文侯就派他爲大將，帶領兵馬，去攻打中山。一連幾仗下來，中山兵大敗。魏軍長驅直入，一直打到中山國的都城，並且把都城包圍起來。中山國國君十分恐慌，一面加緊城防，一面逼著樂舒勸說樂羊停止攻城。

樂舒不得已，只得登上城樓大叫，請父親來相見。樂羊出來，不等樂舒開口，就把他大罵一通，要樂舒趕緊勸中山國君投降。樂舒請求樂羊暫時不要攻城，等他同國君商議。樂羊同意了，給他們一個月的期限。一個月過去了，中山國又要求緩期一個月。這樣三次，樂羊也沒攻城。原來他是考慮，中山城池堅固，硬攻傷亡太大，不如採取圍而不攻的辦法來收買民心，等待時機再把都城拿下來。

誰知魏國朝廷上一些嫉妒樂羊的人乘機到文侯跟前說起他的壞話來了：「主公請看，樂羊開始攻打中山的時候，勢如破竹，兒子一番話，三個月不攻。父子感情可真深啊！要是不把樂羊召回來，恐怕要前功盡棄了。」誹謗樂羊的話不斷送到魏文侯耳朵裏。魏文侯問翟璜有什麼意見，翟璜說：「樂羊這個人很可靠，主公不要懷疑。」於是文侯對各種誹謗樂羊的話一律不加理睬，照樣信任樂羊，經常派人到前線慰勞，還預先在都城替樂羊蓋了好房子，等他回來住。樂羊心裏非常感激。他看中山國不投降，就帶軍隊拼命攻城。中山國國君看看情勢危急，就把樂舒綁了，高高地吊到城門樓頂的一根杆子上，想用這種辦法迫使樂羊退兵。那天，樂舒在高杆上大叫：「父親救命！國君說您一退兵就不殺我……」話沒說完，樂羊氣得直翹鬍子，拔出箭來就要朝樂舒射去。中山國君一氣之下，果真殺了樂舒，還把他的頭吊到杆子頂上，想引得樂羊悲痛，鬆懈鬥志。樂羊見了兒子的腦袋，氣得直罵：「誰叫你給無道昏君做事吶！也是罪有應得。」接著，他帶領軍隊更加下死勁攻城，最後，終於把中山國打下來了。平服中山國以後，魏文侯又任命吳起爲大將，帶領軍隊去攻打秦國，連著佔領五座城池。魏國成爲當時最強盛的國家。

人才問題是個極端敏感、尤其需要經營者靈活處理的問題。越是有真本事的人個性越強、獨立性越強，對此，經營者應該以通達的態度、圓融的手段，使其心甘情願地竭盡所能爲你效力。週圍聚集了一幫龍虎之人，經營者又怎會不威呢？

39 懂得「曲徑通幽」的妙用

以鐵腕處理棘手問題、管理下屬可以迅速解決問題、不留後患。但這並不是說天天黑臉鐵面、完全無情無義。鐵腕在這裏首先是態度的堅定果決，但具體的手段大可以溫和一點，以曲徑通幽的方式照樣可以達到目的。

趙匡胤當上大宋皇帝後，總是寢不安枕。從自己陳橋兵變易周爲宋的經歷，他深知兵權的關鍵性，也總怕有將領以他爲「榜樣」，兵變篡權，因此他下定決心把兵權抓在自己手裏。

但是趙匡胤並沒有採取腥風血雨的方式，他的鐵腕不僅逐步施展，而且採取了一種春風細雨的方式，因此傳爲歷史佳話。

經過兩次對禁軍領導團隊的調整，作爲宋朝中央軍的禁軍一直十分穩定，趙匡胤這才放了心。於是到了建隆二年的三月，他便免去了慕容延釗的殿前都點檢職務，改任爲南西道節度使。又免去韓令坤的侍衛馬步軍都指揮使職務，去任成德節度使。殿前都點檢一職自此不再任授，趙匡胤自此完成了皇帝親握軍權的大事，實現了皇帝就是軍隊統帥的專制決策。

到了這一步，在宋朝禁軍這個國家軍隊中，主要的高級將領都已爲趙匡胤的兄弟、義兄弟和親信分別擔任，從理論上來說，這樣就可以使趙匡胤高枕無憂，無須擔心兵權被他人所篡利用兵權來左右政權了。其實，這種把兵權分別授予自己人的方法並非就是非常牢靠，歷史上就有許多弑父屠子、兄弟相殘的例子爲人耳熟能詳。僅把軍隊領導人都換成親信，趙匡胤仍不會高枕無憂的。爲了徹底解決兵權左右政權的弊病，還要從根本上也就是從體制上解決問題，就是要解除所有功臣個人意義上的兵權。「圖難於其易」，既然已把軍隊的高級將官都換成了親信，也就等於完成了第一步，而解除這些人的兵權就不是多困難的事了。

由此可見，趙匡胤做事於其細，順利地掌握了軍權，因此就爲他圖難於其易創造了下一步「其易」的條件。建隆二年七月的一天晚朝後，趙匡胤在宮中擺了一場宴會，宴請禁軍的高級將領。在宴會進行到酒酣耳熱之際，趙匡胤歎息道：「若不是你們這些人出力扶持，我怎能做這個皇帝，不過我既做皇帝，就要做一個真正的皇帝。可是，做皇帝也真是太難了，自從我當了皇帝，就沒有一天能睡上一個安穩覺。」

石守信等人聽他如此說，大惑不解，忙問：「皇上，二李既平，國泰民安，你怎麼還睡不著覺呢？」

趙匡胤說：「中國 50 年來，多少人能當上皇帝。而今，也不知還有多少人想當皇帝啊。」

石守信和其他將領都誠惶誠恐，說：「陛下怎麼這樣說呢，如今天命已定，誰還敢有異心啊！」

趙匡胤說：「縱使你們不生二心，也難保你們手下的人不貪圖富貴。一旦有一天，有人也將黃袍披在你們身上，你們就是不想當皇帝，也推辭不掉啊。」

聽趙匡胤如此說話，石守信及其他將領嚇得汗流浹背，一齊跪下，說：「臣等愚昧，不解聖意，該怎麼做，請皇上指示。」

趙匡胤就說：「依我之意，你們不如全卸去兵權，去大藩做節度使。置田興宅，廣積產業，飲酒作樂，痛快地過此一生，使我們君臣兩下無猜。」

石守信和諸位將領都明白了皇帝的意思。第二天，諸將皆稱疾不朝，各自上書請求辭去在禁軍的職務。於是趙匡胤任命高懷德爲歸德節度使，出任宋州；任王審琦爲忠正節度使，出任壽州；任張令鐸爲鎭安節度使，出任陳州；任羅彥瑰爲彰德節度使，出任相州；任石守信保留侍衛親軍馬步軍都指揮使，爲天平節度使，出任鄆州。

老子說：「聖人終不爲大，故能成其大。」趙匡胤有這種智慧。釋諸將兵權，本是一件很難很大的事，但他從其易，從其細，所以就順理成章、水到成渠地完成了圖難、爲大之事。

剷除隱患的態度是堅決的，這是方；達到目的的手段是靈活的，這是圓。趙匡胤的做法既去掉了心頭之患，鞏固了皇權，又不動聲色，不費力氣，沒有引起較大的動盪。看來，「曲徑通幽」這一招實在是對領導之道中面方手圓策略的妙用。

經營者的小故事

獎勵的手段

有兩兄弟都以養蜂為生。他們各有一個蜂箱，養著同樣多的蜜蜂。有一次，他們決定比賽看誰的蜜蜂產的蜜多。

老大想，蜜的產量取決於蜜蜂每天對花的「訪問量」。於是他買來了一套昂貴的測量蜜蜂訪問量的績效管理系統。在他看來，蜜蜂所接觸花的數量就是其工作量。每過完一個季，老大就公佈每只蜜蜂的工作量；同時，老大還設立了獎項，獎勵訪問量最高的蜜蜂。但他從不告訴蜜蜂們是在與誰比賽，他只是讓蜜蜂比賽接觸花的數量。

老二與老大想的不一樣。他認為蜜蜂能產多少蜜，關鍵在於它們每天採回多少花蜜——花蜜越多，釀的蜂蜜也越多。於是他直截了當告訴眾蜜蜂：他在和老大比賽看誰的蜜蜂產的蜜多。他花了不多的錢也買了一套績效管理系統，測量每只蜜蜂每天採回花蜜的數量和整個蜂箱每天釀出蜂蜜的數量，並把測量結果張榜公佈。他也設立了一套獎勵制度，重獎當月採花蜜最多的蜜蜂。

一年過去了，查看比賽結果，老大的蜂蜜不及老二的一半。

老大的評估體系很精確，但它評估的績效內容與最終的績效內容並不直接相關。老大的蜜蜂為了盡可能多地提高訪問量，都不會採太多的花蜜，因為採的花蜜越多，飛起來就越慢，每天的訪問量就越少。

老大本來是為了讓蜜蜂搜集更多的信息才讓它們競爭，由於獎勵範圍太小，為搜集更多信息的競爭變成了相互封鎖信息。蜜蜂之間競爭的壓力太大，一隻蜜蜂即使獲得了很有價值的信息，比如某個地方有一片巨大的槐樹林，它也不願將此信息與其他蜜蜂分享。

而老二的蜜蜂則不一樣，因為它不限於獎勵一隻蜜蜂，為了採集到更多的花蜜，蜜蜂相互合作，嗅覺靈敏、飛得快的蜜蜂負責打探那兒的花最多最好，然後回來告訴力氣大的蜜蜂一齊到那兒去採集花蜜，剩下的蜜蜂負責貯存採集回的花蜜，將其釀成蜂蜜。

雖然採集花蜜多的能得到最多的獎勵，但其他蜜蜂也能撈到部份好處，因此蜜蜂之間遠沒有到人人自危相互拆臺的地步。

管理心得：激勵是手段，被激勵員工之間的競爭固然必要，但相比之下，激發起所有員工的團隊精神尤顯重要。

心得欄 --

----

40 不能做「恃能而驕」的傻事

不學無術、投機鑽營的人固然成不了大氣候，但是不看時勢、不懂內方外圓之道、一味逞能的人，即使身負經邦治國之能，也一樣難有作爲。能力是一把解決問題的鑰匙，有的人以積極進取、開創基業爲能，有的人則以安定局面、奉制守成爲能，二者只有情勢的區別，沒有高下的不同。

中國歷史上以能而不逞聞名的，有一個蕭規曹隨的故事。

宰相位於一人之下，萬人之上，其爲政方式關係整個王朝。尤其在處理與前任宰相或同時爲相者的關係上，十分敏感，名相多以國事爲重，把握得當。

「蕭規曹隨」，指漢初丞相蕭何定下政策法規，繼任的曹參因循不變，保持了漢初政策的連續性和國家的安定。

蕭何被劉邦拜爲丞相後，經邦定國，安撫天下，爲新興的漢朝制定了一系列政策措施。蕭何實行的是對內寬鬆、與民休息、恢復國力的方針。

曹參繼蕭何爲相後，繼續奉行蕭何制定和推行的與民休息的政策，實行「無爲而治」。所謂「無爲」，實際上就是守成，就是不創設新的設置與舉措。史載曹參「舉事無所變更，一遵蕭何約束」。他專門任用那些不善言辭的忠厚長者；他日日飲酒，不聽政事，大臣與屬吏想來稟報事情的，他一定要把對方灌醉，讓對方無法開口。與曹參居所僅一牆之隔的丞相屬吏們也日夜飲酒，醉歌歡呼，曹參聽到後，不但不禁止，反而命令從吏也張席坐飲，高聲吆喝，與毗鄰的呼聲相應。

看到他人有過錯，即爲其掩蓋，不加深究。他一切以蕭何時代的政策爲準，因而丞相府清靜無事。惠帝對曹參的做法很感奇怪，便讓曹參的兒子、中大夫曹窋回去問曹參，爲什麼不以天下事爲憂？曹窋一問，不想被曹參怒笞二百，並訓斥道:「趣人侍，天下事非若所當言也。」

惠帝忍不住親自詢問曹參，曹參問惠帝:「陛下自察聖武孰與高帝？」惠帝說:「朕乃安敢望先帝乎？」又問:「陛下觀臣能孰與蕭何賢？」答曰:「君似不及也。」曹參於是說:「高皇帝與蕭何定天下，法令既明，令陛下垂拱，參等守職，遵而勿失，不亦可乎？」惠帝被他說服，連聲說:「善，君休矣！」

曹參爲相，不欲創新，一味守成，以特有的方式保持蕭何以來政策的連續性，既穩定了漢初的政局，又爲日後西漢的繁榮提供了最重要的條件，其功績是不可磨滅的。

「蕭規曹隨」，是宰相爲政的一種方式，也是爲官執政者表現個人能力的一種方式。

事實證明，曹參以「無所作爲」的方式，卻取得了「有所作爲」的實際效果。恐怕沒有人會說曹參是一個無能的相國，因爲他所採取的政治舉措完全符合當時天下初定、人心思穩的社會背景。相反，他以另一種方式展露了治理天下的才能。

替人做事從第二、第三做起都沒關係，只要清楚自己對上司的有用之處並用心把握就行了。如能穩穩當當地做個第二，一旦主客觀條件形成，自然也就成爲第一了。

41 修身養性蓄成領導之勢

經營者的一舉一動展示的是個人的修養氣度，關涉的卻是眾人的利益安危。一個經營者能在動盪時臨危不亂，在平常裏虛懷若谷，才算真正具有領導的大家風範。

西元前 548 年，齊莊公因爲荒淫無道，被權臣崔杼弒殺。此後，崔杼爲了專權，濫殺異己，一時間朝臣人人自危，紛紛逃亡，只有晏子不畏強權，不怕淫威。

崔杼設計殺死了莊公，聞聲而來的晏子一直站在崔杼的門前，崔杼的門人問他：「你是來送死的嗎？」

「難道只是我一個人的國君嗎？要我死！」

「那你爲何還不趕緊逃命呢？」

「難道是我一個人的罪過嗎？要我逃命！」

「那你還是回去吧！」

「回去？國君已經死了，我往那兒去？君主爲國家而死，我們也就爲他而死；爲國家逃亡，我們也就隨他而逃亡。如果君主爲自己而死，爲自己而逃亡，不是他個人寵愛的人，誰願意承擔這責任？我那裏能爲個人而死？爲他個人而逃？但我們叉能回到那裏去呢？」

正說著，崔杼的大門打開了，晏子立即走了進去，取下帽子，光著膀子，坐在地上，然後將莊公的屍體枕放在自己的大腿上而放聲痛哭。哭了好半天，站起身來，向上跳了三下便徑直走了出來。崔杼不解其意。

崔杼與慶封勾結，立年幼的杵臼(即齊景公)爲君。爲了彈壓朝臣，他們設壇立盟，劫持齊國所有的將軍、大夫、顯貴人士和一些百姓，扣押在太廟前的臺階上，下令所有人都得參加盟誓。盟誓的人不得佩劍，惟有晏子一人不肯解劍，崔杼不得已同意了。崔杼的家兵拿著劍戟逼迫每個大臣宣誓服從崔、慶，氣氛十分恐怖。

崔杼已經殺了 7 個人，輪到晏子宣誓，他仰天長歎道:「唉！崔杼幹無道的事，殺死自己的國君，凡不跟隨王室而跟隨崔杼、慶封的人，必將遭受災禍。」並堅決拒絕宣誓。

崔杼威脅著：「如果你改變自己的話，我與你共同享有齊國；如果你不改變自己的話，叉戟已經架在你的脖子上，劍已經指向了你的心窩。看你是想走那條路？」晏子毫不畏懼，厲聲回答道:「縱使彎曲的快刀鉤進了我的脖子，筆直的利劍伸進了我的胸膛，我也不會有絲毫改變的。」

崔杼迫於晏子的崇高聲望，不敢對他有所損傷，只好放他回去了。果然，後來在晏子的輔佐下，齊景公消滅了崔、慶的勢力。由此可以看到，崔杼敢於殺死國君而不敢對一個臣子動一絲毫毛，足見晏子在人民心中的地位之高。他虛心接受批評，重視選拔賢才，虛心對待下人，則是另一番情景。

有一次晏子外出，路見一個頭戴破帽反穿皮衣身背乾草的人，認為這是賢人。於是他二話沒說，就將自己駕車的馬賣掉一匹，為這位名叫越石父的人贖了身，然後一同回家。

到了家門口，晏子一時忘記打招呼就撇下越石父而獨自進屋了，越石父見晏子對他這麼沒有禮貌，轉身就走。晏子走了好遠，回頭一看，不見越石父跟上，很奇怪，急忙趕出門外，卻見越氏已走了老遠。晏子又急忙坐上車駕，等到快接近越石父跟前時，他有些不高興地問道：「先生怎麼這樣不辭而別呢？你給別人做了三年奴僕，我與你素不相識，卻將你贖了出來，你為什麼要離開我呢？」

越石父停下腳步，不緊不慢地說：「我聽說，讀書人因為沒有人理解而感到委屈，而有人理解時則感到舒暢。所以賢德的人不會因為有功勞而看輕別人，也不會因為別人對自己有恩而委身於人。我為別人當了三年奴隸，沒有一個人理解我。今天先生為我贖身，我認為先生是理解我了。而此前先生乘車，不向我打招呼，我以為先生忘了我。現在您又不打聲招呼就進屋去了，還是把我當奴隸一樣看待。先生如此待我，我在這裏又能幹什麼呢？走才是明智的選擇啊。」

晏子聽罷大為慚愧，趕忙道歉：「先前我只看到您的外表，而現在則看到了您的氣節。俗話說，『反省自己行為的人不再列舉他的過失，詳察實情的人不再追究他所說的話』。我可以向您致歉，而您能接受嗎？我誠心改正自己的過失，請您多多賜教。」越石父欣然一笑，晏子大喜，下令灑掃門庭，更換筵席，並用隆重的禮節歡迎越石父。從此越石父盡心幫助晏子，功績頗大。

晏子選才幾乎是不拘一格的。在他任齊國宰輔之時，有一次出門，他車夫的妻子從門縫裏偷看，只見自己的丈夫洋洋得意、神氣十足，她很是不滿。不久，車夫回來了，剛一進門，她便要求離婚，車夫很是奇怪，便問是什麼原因。妻子說：「晏子身高不足六尺，當上了丞相，名聲顯赫。今天我看他出去，志向高遠，保持著謙遜有禮的態度。而你可好，身高八尺，還是一個駕車的僕人，非但如此，還如此容易滿足，沾沾自喜，所以我要求離開你。」車夫聽完妻子的批評很是慚愧，並深深自責，努力改正。晏子見車夫前後判若兩人，很奇怪地問車夫是怎麼回事。車夫如實地將情況講了出來，晏子認爲車夫爲人誠實，勇於改過，就推薦他做了大夫。

晏子身爲相國，可住的房子還是從先祖那裏繼承來的低矮潮濕的舊屋。齊景公很是過意不去，便要給他換一座高大明亮的宅邸。晏子不同意，並說：「我的先人住在這裏，而我對國家沒有什麼功勞，住在這裏已經很是過分了，怎麼可以住更好的房子呢？」他堅決不換。

沒隔多久，晏子出使晉國，齊景公利用這個機會派人遷走了他左右的鄰居，在原地重新蓋了一座大宅。在出使回來的路上，晏子聽到了這一消息，便把車停在臨淄城外，隨即派人請求景公把新宅拆除，請鄰居們再搬回來。經過多次請求，景公終於勉強同意了，晏子這才驅車進城。

晏子在任齊國丞相的整個時期內，對自己的要求都十分嚴格。他吃的是僅僅去了穀皮的粗糧，以烘烤飛鳥、鹹菜、苔菜爲菜。景公聽說後，到晏子家赴宴，看他家的飲食，這不看不知道，一看還嚇一跳，果真如此。景公很是內疚地說：「噫！想不到先生家這麼困難，而我卻不知道，這是我的過錯了。」

晏子微笑著回答道：「一切皆因為世間物資匱乏呀，去皮的粗糧能吃飽，是士人的第一種滿足；烘烤飛鳥，是士人的第二種滿足；有鹽吃，是士人的第三種滿足。我沒有比別人更強的能力，而有這三種滿足，君王的賞賜已經夠豐厚了，我家並不貧困啊！」晏子的言論總是這麼寓褒帶貶，一方面顯示了他的智慧，另一方面則體現了他高尚的品德，而這才是他的人格魅力所在。

景公見他的車子太破舊了，就派人給他送去新車；又見他的馬太瘦弱了，又差人給他送去駿馬。一連送了三次，都被晏子謝絕了。景公很不高興，就把晏子召來，對他說：「您不接受車和馬，我以後也不再坐輦了。」

晏子誠懇地說：「君王您讓我統領全國官吏，我要求他們節衣縮食，從儉處事，以便給全國人民作個榜樣。即使這樣，我還惟恐他們有奢侈浪費和不正當的行為。您在上面乘坐大車四馬，我在下面也坐四馬大車，這樣一來，有些人就會學您和我的樣，上行下效，會弄得奢侈成風，到時候我也就沒辦法去禁止了。」經過再三推謝，晏子最後還是沒有接受景公的賜贈。

住宅、飲食和車馬，好像只是生活裏的小事，但在身為齊相的晏子眼裏，卻是關係到政治和社會風氣的大事。司馬遷說他「以節儉力行重於齊」，可見他為政的高尚品德。

一天，齊景公在晏子家喝酒，正喝在興頭上，景公一眼瞥見了他的妻子，景公來了勁：「嘿！先生的妻子又老又難看。我有一個女兒，年輕又漂亮，你就娶她做妻子吧！」晏子聽罷，馬上離開酒席，十分鄭重地說：「如今我的妻子的確又老又難看，但她也曾有年輕美麗的時候。況且她年輕美麗時把自己託付給我，就是爲了防備年老色衰的到來，現在我怎麼能背棄妻子的託付而另娶新歡呢？」

晏子就是這樣爲他人著想，而且始終勤勤懇懇。連景公的一位寵臣也感歎地說：「我怕到死也趕不上晏子了。」晏子聽到後說：「我聽說，只要肯幹就常會取得成功，就能達到目的地。我也沒有什麼不同於人的地方，只是堅持幹不放棄，堅持行而不停止，有什麼難於趕上的呢？」

蓄勢在這裏是指對自己修養、氣度、品行的修煉。這種修煉對於經營者一時一刻也不能缺少。正如知識需要儲存、經驗需要積累一樣，個人的道德修養必須在不斷地與外來利誘的鬥爭中逐步完善，這種領導之「勢」一旦養成，他就能心底無私天地寬，走遍天下無敵手。

心得欄 --

----

42 要時刻保留防人的算招

如果經營者不幸陷入了一個爾虞我詐的環境，能免被人算的最直接的方法就是你比他多算一步，這是人際智慧的較量，就好比下棋，他能算到第三步將你的軍，你還有第四步暗伏一個笨象留作後手，即使不能反敗為勝，起碼可保自己大難不死。

春秋時，楚平王無道，寵信奸臣費無忌，荒廢國政，父納子媳，朝綱不振，法紀蕩然。時太子建居於城父(地名)，統兵禦外，平王又信讒言疑太子謀反，乃召太傅伍奢詢問。伍奢說：「大王納太子妃充實後宮，已經有背人道；又疑太子謀叛，太子是大王骨肉之親，難道大王竟信讒賊之言，而疏父子之信乎？」平王既慚且怒，就把伍奢囚禁監牢。

費無忌又乘機進讒：「啓奏大王，伍奢有兩個兒子，一名伍尙，一名伍員，皆人中之傑。他們聽到父親被囚，安有坐視之理，必投奔吳國，爲大王心腹之患。不如使伍奢函召二子來都，子愛其父，必能應召而來。那時斬盡殺絕，豈不免除後患？」平王大喜，即命伍奢作書如子。伍奢說：「臣長子伍尙，慈溫仁厚。臣召之，或可來。次子伍員，爲人警惕機智。見臣被囚獄中，安敢前來送死？」平王說：「你但寫無妨！」

伍奢只得奉旨作書。平王遣使者至城父，以書示伍尙，備致賀意說：「大王誤信人言囚尊翁，得群臣保奏，謂君家三世忠良，宜即開釋，大王即刻省悟，即拜尊翁爲相國，封君爲鴻都侯，封令弟爲蓋侯。請即上道面君，以慰尊翁之望。」伍尙一點也不懷疑，看完信就轉交伍員。

伍員，字子胥，有經文緯武之才，扛鼎拔山之勇。反覆拜讀父親的來信，覺得其中頗多疑問，說：「平王因我和哥哥在外，不敢加害我父。用父親的信來誘我二人前往，好一同殺掉，斷絕我們報仇的念頭。兄看信以爲真，則大謬矣。」伍尙以父子之愛，恩從中出，即使同遭大戮，亦無遺憾。伍員則以與父俱誅，無益於事，堅不前往。兄弟二人，遂各行其事，伍尙以殉父爲孝，伍員以報仇爲孝，於是分道揚鑣。伍尙至都城，果與老父伍奢並戮於市；伍員則逃至吳國，佐公子姬光，取得吳國王位，是爲吳王闔閭。及楚平王死，其子軫即位，爲楚昭王。

伍員在吳，聽到楚平王已死，不能親手刃及其身，以報父兄之仇，廢寢忘食，日夜於吳王前請命伐楚。吳王准許之，陷楚都郢城，楚昭王出奔。伍員遂掘平王墓，出其屍，鞭之三百。

這時伍員的老友申包胥逃亡山中，聽到伍員對楚平王掘墓鞭屍，不禁憤慨。遣人對伍員說：「你雖然爲父兄報仇，但平王已死，也就應該算了，而你竟掘開他的墳墓，鞭屍三百，未免有點過分了吧？」伍員對來使說：「請你回覆申包胥，我是日暮而途窮，故倒行而逆施！」

伍子胥能見機識詐是他的高明處，只是有了多算的這一步，才有了他後來的奇功。伍子胥算高一招後採取的是逃跑的辦法，但如果你逃無可逃又當如何？

「真正聰明者，往往聰明得讓人不以爲其聰明」。這話不無道理。古往今來，聰明反被聰明誤者可謂多矣！倒是有些看似「笨」的人，卻成爲事實上最聰明的人。

洪武年間，朱元璋手下的郭德成就是這樣一個用一種最笨的做法達到了自己的目的的人。

當時的郭德成任驍騎指揮。一天，他應召到宮中，臨出來時，明太祖拿出兩錠黃金塞到他的袖中，並對他說：「回去以後不要告訴別人。」面對皇上的恩寵，郭德成恭敬地連連謝恩，並將黃金裝在靴筒裏。

但是，當郭德成走到宮門時，卻又是另一副神態，只見他東倒西歪，儼然是一副醉態，快出門時，他又一屁股坐在門檻上，脫下了靴子——靴子裏的黃金自然也就露了出來。

守門人一見郭德成的靴子裏藏有黃金，立即向朱元璋報告。朱元璋見守門人如此大驚小怪，不以爲然地擺擺手：「那是我賞賜給他的。」

有人因此責備郭德成道：「皇上對你偏愛，賞你黃金，並讓你不要跟別人講，可你倒好，反而故意露出來鬧得滿城風雨。」對此，郭德成自有高見：「要想人不知，除非己莫爲，你們想想，宮廷之內如此嚴密，藏著金子出去，豈有別人不知之道理？別人既知豈不說是我從宮中偷的？到那時，我怕也說不清了。再說我妹妹在宮中服侍皇上，我出入無阻，怎麼知道皇上是否以此來試一試我呢？」

現在看來，郭德成臨出宮門時故意露出黃金，確實是聰明之舉。恰如郭德成所言，到時的確有口難辯，而且從朱元璋的爲人看，這類試探的事也不是不可能發生。郭德成的這種做法，與一般意義上的大智若愚又有所不同，他不只是裝傻，而且預料到可以出現的麻煩，防患於未然。

俗話說，害人之心不可有，防人之心不可無。經營者行蓄勢之道、以外圓處世的同時，千萬別忘了立身的根本——內方，比如防範心懷叵測者的無端打擊和陷害即爲其中之一。只知自修而不知防範，絕不是智者行徑。

43 經營者要能夠容忍下屬的指責

有的經營者面對下屬的不同意見或指責時，心裏也清楚別人講的話是事實，有道理，但就是不能容忍人家「大不敬」的態度，並爲此放棄改正錯誤的機會。殊不知，只有那些能夠容人，尤其能容難容之人的人，才值得別人尊敬。

侯生，韓國人，史佚其名，原爲秦始皇信任的方士。秦始皇三十二年，秦始皇曾派他與韓終、石生「求仙人不死之藥」。

韓終、石生都是秦時的方士。據說韓終曾經不穿衣服，只著菖蒲(一種植物)長達三年之久，以致身上都生了毛，以後冬天再冷他也不怕。還說他能「日視書萬言」，並且都能背誦出來。石生則僅見於《史記・秦始皇本紀》之中。接受秦始皇的命令後，二人便均不知所終。也許死於咸陽「坑儒」的 460 餘人當中，也許逃亡它地。

侯生雖受秦始皇信任，但他知道自己是提著腦袋過日子，弄一些連他自己都不相信的東西欺騙秦始皇，早晚是要被識破的。於是，秦始皇三十五年，侯生與另一個方士盧生一合計，決定「三十六計走爲上」，跑了。臨行前散佈了一堆秦始皇不愛聽的話，稱：「始皇爲人，剛戾自用；滅諸侯，並天下，意得欲縱，以爲自古沒人比得上自己；專任獄吏，獄吏得親幸；博士雖七十人，只是備員而不用；丞相諸大臣都是接受已經決定好的事情，在皇上的指示下進行辦理。皇上樂以刑殺爲威，天下都畏罪持祿，不敢盡忠。皇上聽不到自己的過錯，一天比一天驕傲，臣下則懾伏謾欺以取容。秦法，不得一個人兼行兩種巫術，不靈驗的就處死。但是候星氣佔卜者多達三百人，都是良士，他們畏忌諱諛，不敢直言皇上的過錯。天下之事無小大，都由皇上來決斷，皇上批閱文件用衡石來稱量，每天都有限額，不達到定額不休息，貪戀權勢到如此程度，不可以爲他求仙藥。」這番話的結果，是釀成了 460 餘人被坑殺的悲劇。

侯生、盧生知道自己犯了死罪，爲了縮小目標，便分頭逃亡。盧生一去再無音信，不管有何傳說，反正秦始皇再沒見過他。而侯生不知何故，是過不慣逃亡的日子？是捨不下親人？還是對 460 餘人的死感到內疚？居然壯著膽子又回來了。

秦始皇獲知侯生回來了，立即下令將其拘來見自己，準備痛罵一頓後車裂處死。爲此，秦始皇做了一番精心的準備，特意選擇在四面臨街的阿東臺上怒斥侯生。這裏能夠讓許多人都看得見、聽得著，可以起到殺一儆百的作用。當始皇遠遠望見侯生走過來時，便怒不可遏地罵開了：「你這個老賊！居心不良，誹謗你主，竟還敢來見我！」週圍的侍者知道侯生今天活不成了。

侯生被押到台前，仰起頭說：「臣聞，知死必勇。陛下肯聽我一言嗎？」始皇道：「你想說什麼？快說！」於是，侯生鼓動起嘴巴說道：「臣聞：大禹曾經樹起一根『誹謗之木』，以獲知自己的過錯。如今陛下爲追求奢侈而喪失根本，終日淫逸而崇尚末技。宮室台閣，連綴不絕；珠玉重寶，堆積如山；錦繡文彩，滿府有餘；婦女倡優，數以萬計；鐘鼓之樂，無休無止；酒食珍味，盤錯於前；衣裘輕便和暖，車馬裝飾華麗。所有自己享用的一切，都是華貴奢靡，光彩燦爛，數不勝數。而另一方面，黔首（秦時對不做官之人的稱呼）匱竭，民力用盡，您自己還不知道。對別人的指責卻惱怒萬分，以強權壓制臣下，以致下喑上聾，所以臣等才逃走。臣等並不吝惜自己的性命，只是惋惜陛下之國就要滅亡了。聽說古代的聖明君主，食物只求吃飽，衣服只求保暖，宮室只求能住，車馬只求能行，所以上沒有看到他們被天所遺棄，下沒有看到被黔首拋棄。堯時茅屋頂不修葺，櫟木房椽不砍削，夯土三級爲臺階，卻能怡樂終身，就是因爲少用文采、多用淡素的緣故。丹朱（堯之子）傲慢肆虐，喜好淫逸，不能修理自身，所以未能繼承君位。如今陛下之淫，超過丹朱萬倍，甚於昆吾（夏的同盟者）、夏桀、商紂千倍。臣恐怕陛下有十次滅亡的命運，而沒有一次存活的機會了。」

聽了這番話，始皇默然良久，之後緩緩說道：「你何不早言？」

侯生回答:「陛下的心思，正在飄飄然欣賞自己的車馬服飾旌旗之物，且自認有賢才，上侮五帝，下淩三王；遺棄素樸，趨逐末技，陛下滅亡的徵兆已經顯露很久了。臣等生怕說出來也沒有什麼益處，反而自己送死，所以逃亡離去而不敢言。現在臣必定要死了，才敢向陛下陳述這些。這番話雖然不能使陛下不滅亡，但要讓陛下知曉明白爲何滅亡。」

始皇問道:「我還可以改變這一切嗎？」

侯生回答:「已經成形了，陛下坐以待斃吧！如若陛下要想有所改變，能夠做到像堯和禹那樣嗎？如果不能，改變也毫無意義。陛下的佐助又非良臣，臣恐怕即使改變也不能保存了。」

始皇聽後長長地歎了一口氣，下令將侯生放掉。

侯生逃亡之事發生在秦始皇統治末期，雖然秦始皇當時不過四十六七歲，尙屬英年，但他已經取得了驕人的功績，頭腦熱漲，目空一切，猶如侯生所說，不太能清醒地正視自己。即便如此，在對待侯生的態度上，倒是能夠看出秦始皇納諫的勇氣，說明他還不糊塗。尤其是在盛怒之下，在聽了侯生一番大逆不道的言辭以後，秦始皇居然能將他放走，從秦始皇的性格上分析似乎不太可能，但是從他一貫的用人之道來分析，秦始皇往往能在盛怒之下控制自己的感情，當然對方必須是言之有理，話必須說到點子上，否則必有殺身之禍。

部屬敢於理直氣壯地指責和冒犯經營者，其理必正，其氣必壯。此時如果經營者過多地考慮自己的尊嚴是否受損，讓思維被情緒所左右，必會做出不智之舉。有句話叫大人不計小人過，手下人把話說在理上，他的一點點言辭冒犯又何必計較呢。

44 領導策略要隨著對象而變化

經營者面對的對象如有變化，措施也必須隨之調整。

忽必烈從一開始即位，便顯示出其不同凡響。他沒有沿用以前大汗的做法，而是破天荒一反過去大汗們遵守蒙制的老傳統，採用漢人的年號──中統來紀元。這一劃時代的做法，斷然從歷史上將蒙古帝國一分爲二，從而遠遠地將一個舊帝國拋在了身後。所謂的「中統」，就是中朝正統，從此以後，他儼然成了中原的統治者。

在諸多的政治變革中，最有成就、最值得一提的則是忽必烈對政權機構的建設。

從在開平即位的那一天起，忽必烈就秉著「立經陳紀」的原則，開始了新的政權建設，並多次向大臣們表示了自己「鼎新革故，務一萬方」的雄心壯志。

忽必烈的高明之處，就在於他並非只注重徒有其名的空殼，而是立即著手設立中央政權機構，賦予它們以實際的權力。他「內立都省，以總攬宏綱，在外設立總司，來處理各地的政務」。

忽必烈雖然採用了漢法，但他卻不拘泥於漢法，他大膽革新的精神使我們不能不對他佩服。並且我們也還發現，在忽必烈改組機構的重大創舉中，他所依賴和任命的大多是漢人儒士，從中書省、行中書省到各路的宣慰使司，許多高級官員都是漢人。例如中書省的史天澤、王文統、趙璧、張易、張文謙、楊果、商挺諸人即是。即便是 1260 年 5 月所設置的十路宣慰司，擔任行政長官的，很少有蒙古族的人士。而像主妝希憲、布魯海牙、粘合南合等色目人也都是漢化很深的儒人。雖然在 1261 年，中書省官員經過調整，增入了蒙古貴族不花、塔察兒和忽魯不花等人，但他們由於缺乏實際的政治經驗和管理才能，只能是起象徵性作用的人物。所以，忽必烈在最初的行政機構的改建中，的確拋棄了蒙古舊制，也難怪守舊的蒙古貴族對此極爲不滿，他們從蒙古草原派出使者質問當時駐在開平的忽必烈說：「本朝舊俗，與漢法不同，今天保留了漢地，建築都城，建立儀文制度，遵用漢法，其故何如？」對此，忽必烈堅定地回答他們說：「從今天形勢的發展來看，非用漢法不可。」旗幟鮮明地向蒙古王公貴族表明了自己要實行漢法的決心。

按照「漢法」改革的思路，忽必烈的機構改革是一竿子插到底，從中央到地方，一攬子進行。在地方上除了完善行省制度外，還設立了廉訪司、宣慰司。在行省下設路府州縣四級行政機構來具體負責地方事務，儘管設置這些都沒有什麼大的建樹，全都是借用了宋、金的制度，然而，他畢竟將蒙元帝國的行政改革推上了漢化的道路。

1263 年，完成了中書、行省創建的忽必烈也並沒有放鬆對軍事衙門的改置。此前的萬戶、千戶的設置在民政、軍政上不分，常有分散軍事權力的隱患。隨著元朝統治的擴大，一個統一的軍事權力機構的建立也勢在必行。因而這一年被李璮弄得精疲力竭的忽必烈便下詔:「諸路管民官處理民事,掌管軍隊的官員負責軍事,各自有自己的衙門,互相之間不再統攝。」

1264 年元月,全國最高軍事機構——樞密院誕生了。樞密院的設置,是忽必烈又一次對蒙古原有的軍政不分家舊制的重大變革。當然,忽必烈多少也在這個方面保留了一些民族特色,他仍然將四怯薛——親兵長官牢牢地掌握在自己的手中,以防止突然的事件。萬戶長、千戶長也並沒有完全從蒙古帝國清除掉,仍然在蒙古人中保留了這一頭銜。並且自從樞密院建立後,出於民族防範的需要,老謀深算的忽必烈從不輕易地把兵權交給漢人掌管,除了他非常信任的幾個漢人之外。

從小便習慣在馬背上射獵廝殺的忽必烈並未忽視兵權的重要性,實際的鬥爭經驗也使他深深懂得武裝力量對於國家政權以及統治的保障作用。就在他即位大汗的初年,此起彼伏的農民起義便「相煽以動,大或數萬,小或數千,在在為群」,攪得他心驚肉跳。何況還有一個苟延殘喘的南宋小朝廷等著他去消滅,恐怕僅靠蒙古軍是完不成這一歷史任務的。對軍事改革的迫切性、重要性,忽必烈一點沒有忘記。隨著他政治統治的穩定,軍事制度也日趨完善,忽必烈時期不僅有一套完整軍隊的宿衛和鎮戍體系,而且將祖先留下的怯薛制發揮得淋漓盡致。

怯薛制無疑在元朝的軍制乃至官僚體制中都具有非常重要的地位,怯薛不歸樞密院節制,而由忽必烈及其繼承者們直接控制;怯薛的成員怯薛長雖沒有法定的品秩,而忽必烈卻給予他們很高的待遇。一個明顯的事實是,每當蒙古帝國、大元皇帝們與省院官員在禁廷商議國策時，必定有掌領當值宿衛的怯薛長預聞其事。所以怯薛歹們難免利用自己久居皇宮、接近皇帝的特權，常常隔越中書省而向皇帝奏事，從內宮降旨，而干涉朝廷的軍國大政。這與他們所處的環境、身份與地位有相當大的關係。

誠然，忽必烈也知道內重於外、京畿重於外地的軍事控制道理，因而，他便建立了皇家的侍衛親軍，讓他們給自己保衛以兩京爲中心的京畿腹地。忽必烈時共設置了十二衛，當時衛兵武器之精良、糧草之充足、戰鬥力之強，都是全國各地的鎮戍軍所不敢望其項背的。

我們也不能不佩服忽必烈改建軍隊的才能，在偌大的民族成分各異的帝國內，忽必烈不費吹灰之力就將不同地區、不同民族的軍隊分爲四種，即蒙古軍、探馬赤軍、漢軍和新附軍，而對於軍隊數量之多，連馬可・波羅也不能不感到驚奇。

他說：「忽必烈大汗的軍隊，散佈在相距 20、40 乃至 60 日路程的各個地方。大汗只要召集他的一半軍隊，他就可以得到盡其所需那麼多的騎士，其數量是如此之大，以至於使人覺得難以置信。」讓我們權且相信這位實際見證人的話吧。

封建王朝的各朝各代，能夠控制軍隊的皇帝，恐怕沒有幾個，而忽必烈卻有幸與他們爲伍，他創置軍隊不僅有新意，而且掌握使用軍隊也很獨特。所以帝國的「天下軍馬總數目，皇帝知道，院官(指樞密院官)裏頭爲頭兒的蒙古官人知道，外處行省裏頭軍馬數目，爲頭的蒙古省官們知道。」這在當時是一個不成文的規定。而且邊關的機密，朝廷中沒有幾個人知道，沒有忽必烈的命令，一兵一卒也不能擅自調動。恐怕正是由忽必烈對大元帝國軍事機器的精密裝配，才使元朝立足中原 100 多年。

這便是忽必烈主述變通、勇於革新的第二大內容。

除了以上改革之外，忽必烈這位從大漠走來的皇帝在發展生產與剝削方式方面的改革也一點不遜色於其他有爲的漢族皇帝。這一點，也正是在這一點上，忽必烈不僅贏得了廣大漢人文士們的擁護，也得到了飽嘗 300 年戰亂的中原各族以食爲天的農夫們的擁護，因而，中原的人們承認了他「中國之帝」的身份，這就是他的重農政策所取得的巨大成功。他不僅雷厲風行地在全國各地創置勸農一類的機構，派出官員們鼓勵農桑，而且多次發佈詔令，保護農業生產，廣興軍屯、民屯，頒佈《農書》，推廣先進的農業生產技術以指導民間的農業生產等等，都使被破壞或中斷了的農業生產力得以恢復，使得農業經濟繼續向前發展。他的這項對農業生產方面的改革成功，以至於後來的封建文人們，也不能不對他備加讚賞，這是一種領導智慧的反映。

就現代社會來說，單位變了、環境變了、人員變了，如果你的領導策略還死守老一套，註定處處碰壁。在把握原則的前提下因人因時而變，才能成爲一個能夠把握局面的、合格的經營者。

經營者的小故事

盤點人才

轉眼間又到了聚會的日子。這是工商界的老闆們自發組織的，其目的就是在宴會上交流一些心得體會，共同進步。

老闆們時常穿插些笑話，讓會場的氣氛活躍起來。

有位老闆想到自己公司的心事，悄悄起身來到洗手間，點起一根煙默默地抽了起來。

在旁的一位老闆看出了他的心事，尾隨而來。

「老兄，有什麼想不開的嗎？」朋友說。

老闆歎了口氣：「唉，你是不知道啊。」

「說來聽聽，說不定能幫幫忙。」朋友說。

老闆憂心忡忡地說道：「雖然看起來我的公司運營不錯，但是有三個不成才的員工，一個整天就知道吹毛求疵；一個杞人憂天，老是害怕工廠有事；還有一個經常渾水摸魚不上班，整天在外面閒蕩鬼混。」

朋友想了想回答道：「要不你把這三個人讓給我吧。捨得嗎？」

老闆說道：「那又什麼捨不得的，還讓老兄你費心了。」

然後兩人笑呵呵地出去了。

第二天，這三個人到新公司去報到。老闆根據他們的性格分配工作：喜歡吹毛求疵的人負責管理產品品質；害怕出事的人，讓他負責安全保衛及保安系統管理；喜歡渾水摸魚的人，讓他負責商品宣傳。

這三個人一聽，滿心歡喜，興衝衝地開始做起本職工作。

一年以後，工商界再次聚會，老闆們都誇那個朋友找了三個得力助手，使生意越做越大。

管理心得：水不激不躍，人不激不奮。如何使人本資源發揮最大效能，企業家起著至關重要的作用。一名出色的企業家扮演著樂隊指揮的角色，他們會用人所長，容人所短，讓智者盡其謀，勇者盡其力。

心得欄

45 選用人才，因事而變

天下人才如過江之鯽，不可能一網打盡。做什麼樣的事用什麼樣的人，所以要制定最適合自己的選人標準。

曾國藩深知人性的優點與弱點，也深知清政府軍政腐敗的因由，在選用人才方面，自有一套標準。這些標準或許大悖於一般所謂「惟才是舉」的說法，不過事實證明他的做法是很有實益的。曾國藩的用人標準除廉明、智略才識之類標準之外，特殊之處有：

一是「忠義血性之人最可用。」所謂忠義血性，就是要求湘軍將領誓死效忠清王朝，自覺維護以三綱五常為根本的封建統治秩序，具有誓死與起義農民頑抗到底的意志。他說:「帶勇之人，第一要才堪治民，第二要不怕死，第三要不計名利，第四要耐受辛苦。治民之才，不外公、明、勤三字。不公不明，則諸勇必不悅服；不勤則營務巨細，皆廢弛不治。故第一要務在此。不怕死則臨陣當先，士卒仍可效命，故次之。身體羸弱者，過勞則疾；精神乏短者，久用則散，故又次之。四者似過於求備，而苟闕其一，萬不可帶勇，大抵有忠義血性，則四者相從以俱至，無忠義血性，則貌似四者，終不可恃。」選用具有「忠義血性」者為將領，可以為整個軍隊起到表率作用，「以類相求，以氣相引，庶幾得一而可及其餘。」這樣便可以帶動全軍效忠封建統治，從而能夠使這支新興的軍隊——湘軍，不但具有鎮壓農民起義的能力，同時還具有「轉移世風」的政治功能。

二是注意選用那些「簡默樸實」之人。

曾國藩對於綠營兵官氣深重，投機取巧，迎合鑽營的腐敗風氣有著很深的認識，他說：「國家養綠營兵五十餘萬，二百年來所費何可勝計！今大難之起，無一兵足供一戰之用，實以官氣太重，以竅太多，漓樸散淳，其意蕩然。」爲了根本解決這個問題，曾國藩規定，不用入營已久的綠營兵和守備以上軍官，選將必須注重「純樸之人」，即腳踏實地、無官氣、不浮誇僞飾之人。這種將純樸之人委以重任的做法，對提高湘軍的戰鬥力極爲有益。

三是要求湘軍將領還要「堅忍耐勞。」

「堅忍」亦就是打仗時能衝鋒陷陣，身先士卒。曾國藩雖爲一介儒生，對於治軍最初沒有多少軍事經驗。但他清楚，行軍作戰備加艱辛，只有「立堅忍不拔之志，卒能練成勁旅……數年坎坷艱辛，當成敗絕續之處，持孤注以爭命。當危疑震撼之際，每百折而不回」。他提倡在艱苦環境中矢志不移的勇氣，只有這樣，才能使湘軍從上到下都有著一股與農民起義軍戰鬥到底的決心。

曾國藩在其一整套的選將標準中，一反中國古代兵家論將、選將的方法，而將「忠義血性」，意即對封建政權的忠實放在了第一位。爲此，他不拘一格，不限出身，大量地提拔書生爲將。在湘軍將領中，書生出身的人佔 58%。

在曾國藩看來，中小地主階級知識份子，出身卑微，迫切希望改變所處的社會地位。按慣例是應通過讀書做官的方式來達到其目的。然而，清朝末年的狀況卻使他們無望改變社會地位。據統計，清末全國紳士人數約有 145 萬，政府官職及頭銜僅能容納 15 萬，閒居鄉裏的紳士至少有 130 餘萬，兩者之間構成了懸殊的比例。當社會統治秩序受到農民起義的衝擊，他們將本能地站出來，以封建的衛道精神同農民軍進行對抗，捍衛封建的統治，加之無官可做只好投筆從戎，一顯身手。

按照這些標準選將練兵，處理將士關係，雖未必能達到他的「塞絕橫流之人欲，以挽回厭亂之人心」的目的，但確實使曾國藩得到了一支非同尋常的軍隊，從而使他博得了皇帝對他的重用和將士僚屬對他的青睞。

清代思想家魏源講過這樣一段話：「不知人之短，不知人之長。不知人之長中之短，不知人之短中之長，則不可以選人。」所以，作爲經營者，在用人上，一定要深知人，並且要善選人。比如，對於遇事愛鑽牛角尖者，你不妨安排他去考勤；對於脾氣太強、爭強好勝者，你可以安排他去當攻堅突擊隊長；對於能言善辯喜聊天者，你可以讓他去做公關接待。

在日常的人事管理當中，如果堅持了這一原則，將使組織發揮出最高效能。

46 做大事者，不能計較無關緊要的小事

小事之爭往往是面子之爭、恩仇之爭、局部之爭，從全局的角度看，這些事根本就不值得一爭。尤其作爲經營者，如果處處跟人爭一時之氣與一時之利，他的爲人與爲官都不會有什麼大的出息。

宋朝時呂蒙正爲相以氣量大而聞名。宰相身居一人之下萬人之上，威權赫赫，但呂蒙正卻並未妄自尊大，相反卻保持了謙謙的君子風範。面對他人的冒犯，呂蒙正也不喜記人之過，體現出容人之量。正是因爲這種豁達的大家風度，才使他贏得了別人的敬重。

據《宋史》記載，呂蒙正任宰相時，有人自稱家中珍藏著一面古鏡，能照二百里。爲求知遇，此人願將這面珍奇的古鏡送給呂蒙正。呂蒙正聽說後哈哈大笑，說：「吾面不過鏡子大，安用照二百里？」此人羞愧而出。此事傳出，聞者對此無不嘆服：昔日先賢都難以做到不爲物所累，而呂蒙正卻能坦然面對，怎不令人欽佩！

呂蒙正對子女的要求也比較嚴，從未利用自己的權力爲子女謀私。在呂蒙正之前，宰相盧多遜之子盧雍初做官即授水部員外郎。以後，此舉成爲慣例，凡宰相之子初任官職，即授水

部員外郎。呂蒙正之子呂從簡照例被授此職後，呂蒙正認爲自己的兒子年紀輕輕，資歷甚淺，尙無寸功便被授予高官，這樣做很不合適。於是他上奏皇帝說，當初我科舉及第時只不過做了一個九品京官，現今天下卓有才幹而在野之人很多，對貴族子弟不應該越級提升。我的兒子「始離繈褓，一物不知」，卻蒙皇上恩寵賜予高官，請皇上降其官職，初做官應從九品官開始。呂蒙正的這一意見爲皇帝所採納。從此以後，宋朝宰相之子初任職時只授九品京官，並定爲國家法規。面對自己的兒子，呂蒙正這種絲毫不徇私情的行爲，令朝中上下稱讚不已。

與一些睚眥必報之人相比，呂蒙正的寬以待人、不計私怨更讓人稱羨。呂蒙正小時候，曾與母親劉氏一起被身爲朝官的父親呂龜圖趕出家門。但當他考中狀元、爲官之後，卻並未記取父親之仇，而是將父母都接到身邊，「同堂異室」，一起奉養。對其他一些觸犯過自己的人，呂蒙正同樣不計前嫌，甚者也無意深究。呂蒙正任參知政事(副宰相)時，年紀尙輕，有人很看不起他。有一次上朝時，一位官員隔簾指著他議論道：「此小子亦參政耶？」呂蒙正卻假裝沒聽見，徑直走了過去。同僚爲他抱不平，準備追查議論者的官位姓名，呂蒙正當即予以制止。罷朝後，這位同僚仍耿耿於懷，憤憤不平，後悔當時沒有及時查問清楚。呂蒙正卻說一旦我知道了姓名，恐怕終身都不會忘掉，這樣不好，還不如不知道爲好。如此肚量，使人不得不服。

還有一次，呂蒙正初任宰相，因蔡州知州張紳貪污受賄，呂蒙正將其免職。有人對宋太宗說，張紳家中富裕，不至於貪污受賄，恐怕是呂蒙正在以前貧困之時敲詐勒索張紳不成，所以現在尋機報復。宋太宗聽信此言，即命張紳官復原職。呂蒙正對此也不作辯解。後來考課院查明張紳確有貪污受賄之實，又將其貶黜爲絳州團練副使。呂蒙正再次爲相時，宋太宗感歎地對他說：「張紳果有贓。」算是爲呂蒙正昭雪。呂蒙正卻並未借機表白自己，只是淡然一笑，既不申辯，也不謝恩，對此事全不在意。

有一則關於呂蒙正「飯後鐘」的故事，也充分體現了他大肚容人的海量。呂蒙正少時與母親一起棲身於龍門山的一個窯洞，因身無分文，吃飯靠寺廟僧人施捨。有些僧人借機刁難、戲弄呂蒙正，提出要想吃飯就得爲寺廟敲鐘，吃一餐，敲一次，不敲鐘就不給飯吃。呂蒙正無奈，只得忍氣吞聲每日敲鐘三次，這就是所謂的「飯後鐘」。但呂蒙正爲官之後，對當初刁難自己的僧人並未記仇，反倒感謝他們，予以獎賞，眾僧爲此羞愧難當，對呂蒙正也平添幾分敬仰。

有不少的經營者，對於下屬的一些小是小非的問題最感興趣，最愛打聽，也最愛處理。他們不知道，下屬在經營者面前，普遍存在著一種壓抑感和被動感。他們的缺點錯誤，他們身上發生不光彩的事情，最怕經營者知道。他們的一些問題如果被領導知道了，雖然本來是小事，但他們擔心經營者會不會當小事看，會不會上不上綱，老擔著心，所以，對那些雞毛蒜皮的小事，要運用糊塗的辦法，懶得去聽，懶得去看，請你也不要去。如果聽見了就裝作耳聾，沒聽見；看見了，就裝眼瞎，沒看見。而且在思想上要真心當作一點也不知道那樣泰然處之，在嘴巴上真正當作一點也不知道那樣從不談及。

47 要防備小人

經營者的方圓之道，要求胸襟放寬大一些，但並不意味著對一切「小」的東西都可以輕描淡寫，比如對於某些心懷叵測的小人，就該加強提防才是──尤其是那些有一定能力的小人。

所謂有能力的小人，在領導的週圍並不鮮見，說白了也就是有才無德的人。有才無德的人在工作中既常遇到，又尤其需要防備，因爲他「無德」的內容之一就是愛記仇，喜歡打擊報復。對於一個才能平庸的人而言，他的心胸即使再狹窄，與你發生衝突也不會產生太大危害。有才能的人則不然，一方面他的才能會讓他說話更有分量，另一方面也是至關重要的，有才能的人一旦遇到機會便會脫穎而出甚至青雲直上，說不定昨天還背靠背並互相指責，今天就成了你的頂頭上司。這時候他的報復心一旦發作起來，你就只有吃不了兜著走的份兒了。

西漢的主父偃未發跡時，窮困潦倒，連借錢都無處可借。世態的炎涼，自身的困頓，使他對世間的一切充滿了仇恨，發誓一定要出人頭地，報復那些羞辱他的人。他一度遊歷了燕、齊、趙等藩國，可始終不被任用，這更增加了他的仇恨心。萬般無奈，他孤注一擲地來到首都長安，直接向漢武帝上書。這次的冒險使他大有所獲，漢武帝對他竟十分賞識，立即授他以官職。一年之內，他竟連升四級，官居顯位。

有了權勢，主父偃便迫不及待地施展了他的報復行動。以往得罪過他的人，都加以罪名，紛紛收監治罪。那怕只是從前對他態度冷淡的人，他也不肯放過，極盡報復，不惜致人死地。至於當初冷遇他的燕、齊、趙等藩國；他更是處心積慮地把一腔仇恨發洩在其國王身上。漢武帝的哥哥是燕國國王，他無惡不作，臭名昭著。先是霸佔了父親的小妾，生下一個兒子，接著又把弟媳強行搶來，據爲己有。主父偃正爲如何報復燕王發愁之際，偏趕這時有人向朝廷告發了燕王的醜行。主父偃主動請纓，獲准受理此案。他假公濟私，不僅向武帝訴說此中實情，還添油加醋地編排了燕王其他「罪行」，終迫使燕王自殺了事。

漢武帝的遠房侄子爲齊國國王。主父偃想把自己的女兒嫁給他，卻遭到齊王的拒絕，爲此，主父偃懷恨在心，便對武帝進言說:「齊國物產豐饒，人口眾多，商業興旺，民多富有，這樣的大國如此重要，陛下應該交由愛子掌管，才可免除後患。」主父偃的一席話打動了漢武帝那根脆弱的神經，他遂被任命爲齊國丞相，監視齊王的舉動。不想主父偃一待上任，便捏造罪名，對齊王嚴刑逼供，肆意陷害，齊王嚇得自殺而亡。下一個報復目標自然是趙王了。趙王劉彭祖深知這一點，索性來個先發制人，搶先上書漢武帝，揭發主父偃貪財受賄，脅迫齊王。

主父偃這次猝不及防，陷入被動。他被收監下獄，承認了受賄之罪，卻拒不承認對齊王的脅迫罪名。

漢武帝本不想殺他，主父偃的政敵公孫弘百般進讒，說他脅迫齊王，離間陛下的骨肉，非殺不可。加上主父偃樹敵太多，竟無人肯爲他說一句好話，終使武帝狠下心來，將主父偃族滅。

主父偃有此下場，先前早有人勸戒他說：「做人不能太過霸道，不留餘地。你如此行事，實在過分，我真爲你擔心吶！」主父偃卻不以爲然，振振有詞回答說：「大丈夫生不能五鼎而食，死難免五鼎而烹，我求官奔波四十餘年，受盡屈辱，今朝大權在手，又怎能不盡情享用？人人都有慾望，人人都有私心，窮困時連父母、兄弟、朋友都不肯認我，我又何必在意別人的說法？」

瞧，這樣的人多麼可怕。在他未發跡時大家平等相處，言語、行爲冒犯之處自是難免，如果對這樣的小人不加識別、不加防備，那一天被他整治一番還不知道怎麼回事呢。俗話說「寧得罪君子，不得罪小人」，就是這個道理。

我們不怕小人，我們也可以不去計較小人身上的某些小事，但是小人之所以爲小人，就是因爲他喜歡於小處於暗處動手腳，對此，經營者要有足夠的警惕和防範。

心得欄 ________________________________

____

____

____

____

____

48 以低用高，要給相應的尊崇

把地位低的人推到高位時，給他以必要的尊崇，使其能夠得心應手地行使職權，這正是圓通用人的體現。

在清初，漢族知識份子受到壓制，地位明顯低於滿族人。但康熙深知，能否讓其為自己效力是關係到大清朝的統治能否穩固的關鍵。因此他大力提拔滿族貴族們瞧不起的有才能的漢人，並給以他們相應的尊崇。

康熙這一用人策略無疑十分正確，讓一個地位較低的人上來順利地使用權力，還有比用人者的尊崇更有效的辦法嗎？

我們看看漢高祖劉邦在這一點上是怎樣改變觀念的。

韓信是漢王劉邦奪取天下的所依靠的三位「人傑」之一，在楚漢戰爭中起到了舉足輕重的地位。

據《史記・淮陰侯列傳》及《漢書・韓信傳》記載：韓信是淮陰人，出身於平民家庭，品行又不怎麼好，未能被推選到官府去充當官吏，又不肯務農或經商，因而經常是投靠他人吃閒飯。他的母親病死，沒有錢安葬，他便找一塊四週廣闊的高地為墳，使得墳的週圍可以安置萬家。韓信的這一舉動，表明他青年窮困時期便胸懷大志，自信將來能顯貴，受封王侯，因而預先為死去的母親選擇了這樣一處四週可供萬家守家人居住的高大墳地。

韓信這種吃他人閑飯的日子，並不好過，很多人都討厭他。他寄食時間較長的是淮陰下鄉的南昌亭長家。南昌亭長見韓信儘管沒有個正當職業謀生，但舉止又不與一般青年人相同，整日少言寡語，若有所思，也就聽任韓信寄食。幾個月過後，亭長的妻子開始討厭韓信，便清晨提前吃飯，待韓信按往常開飯到達時，人家已吃完，不再爲韓信準備飯食。韓信明白了女主人的用意，一怒之下，他再也不到這位亭長家去寄食了。

待到項梁在吳中起兵反秦，大軍渡過淮河，韓信認爲施展抱負的時機已經到來，便手持寶劍投奔於項梁的部下，沒有顯露出什麼名聲。項梁戰死，韓信隸屬於項羽，項羽讓他做「郎中」，負責警衛工作。由於職務上的方便，韓信多次就軍務大事向項羽獻策，高傲自大的項羽根本沒瞧起這位小小的郎中，又怎能聽得進他的獻策？

韓信隨同項羽的大軍到達關中，在項羽分封諸侯、各諸侯王分別就國時，韓信因不得項羽重用，便在漢王入漢中時偷偷離開楚軍大營，投奔了漢王劉邦的部將夏侯淵的部下。夏侯淵做過騰縣縣令，因而人稱他爲騰公。在騰公部下，韓信一時也沒能顯露名聲，只是擔任「連敖」職務，不過是個負責接待官吏的小官而已。一次，因觸犯軍法而被判處斬刑，同案的 13 人均已行刑問斬。依次輪到韓信，韓信抬頭仰視，正好看見騰公，便大聲說道：「漢王不想成就奪取天下的大業嗎？爲什麼斬殺壯士！」

騰公聞聽韓信出言不凡，又見他相貌威武，便釋放韓信，免他一死。騰公與韓信交談，十分高興，並把這一情況向漢王彙報，漢王任命韓信爲治粟都尉，負責管理全軍的糧餉，但漢王並沒有重用他。

韓信任治粟都尉後，有機會多次同蕭何促膝長談，被蕭何認爲是位難得的軍事奇才，蕭何多次向漢王推薦其人，但始終未得到漢王的重用和賞識。而治粟都尉一職，又不是施展韓信軍事才能的崗位，想來想去，韓信便在一天夜晚不辭而別，尋找可以施展抱負的地方去了。

蕭何得知韓信逃亡，感到事情重大而緊急，來不及向漢王彙報，立即乘馬去追趕韓信，這才有了蕭何月下追韓信這一千古美談。

蕭何追到韓信，安置好，第三天一大早便去漢王府拜見漢王。漢王見到蕭何後又喜又氣，罵道：「你深夜逃亡，何故？」

「臣不敢逃亡，臣是追趕逃亡的人了。」

「何人？」

「韓信！」

漢王聽丞相說所追趕的是韓信，大惑不解，以爲丞相在騙他，又開口罵道：「將領逃亡的有十多人，您都不去追趕，說什麼追趕韓信，這是撒謊。」

「大王，那些逃亡的將，都是容易得到的人；至於對韓信這樣的傑出將才，普天下找不出第二個來。大王如果是想長久地稱王漢中，韓信確實是派不上什麼用場；如果是想爭奪天下，非韓信找不出第二個可以共商大事的人。這就看大王是怎麼決策了。」

漢王這才想起丞相曾多次談到韓信的才能，自己總是沒有當回事；這次見丞相不待稟報連夜把韓信追趕回來，感到韓信如不是真的有些本事，丞相怎會如此器重他。想到這裏，漢王便心平氣和地回答丞相的發問：「我當然是想要向東發展，怎能閃閃爍爍地總是呆在這裏。」

「大王如果是決計東征，能重用韓信，韓信會留下來；如不能重用韓信，他遲早還是要逃亡的。」

「我要任命他爲將。」漢王說。

「雖任命爲將，也不一定留得住韓信。」蕭何答。

「那我就任命他爲大將。」

「這可太好不過了！」

於是，漢王便要派人召見韓信，拜他爲大將。這時，蕭何趕忙阻攔說：「大王向來對部下傲慢無禮，今日任命大將像召喚小孩子一般，這正是韓信所以離去的原因啊。大王如果決心任命韓信爲大將，要選擇個良辰吉日，事先齋戒，設立拜將的高壇和廣場，拜將的禮儀要隆重而完備，如此方才可以。」

漢王答應了蕭何的要求，向全軍宣佈了舉行任命大將典禮的日期。

此項命令宣佈後，全軍一片歡騰。且不說那些士卒們想要知道誰會被拜爲大將，觀看從未見過的拜將典禮究竟是個怎樣的場面，開開眼界，而那些跟隨漢王轉戰南北、屢建戰功的將領們，更是抑制不住內心的喜悅。有不少將領都認爲自己的戰功最高，盼望著屆時被任命爲大將。

直到舉行拜將典禮的前夕，究竟誰會被任命爲大將，這對全軍將士們來說，還是個謎。

六月的一天上午，南鄭城中的練兵場上，四週無數面赤色軍旗迎風招展，手持長矛的衛士筆直地站在校場的四週。校場的北面是新建築的拜將高壇，壇下有侍前衛士把守。清晨，參加典禮的兵卒列隊入場；不久，眾將領也都陸續來到壇場，依次立於高壇之下，面壇而立。

時辰一到，鼓樂齊鳴。此刻，漢王已坐於高壇的正席之上，面南而坐；丞相蕭何坐於西側，面東而坐。鼓樂過後，傳令官在壇上高聲宣讀漢王命令。

漢王有令：「拜韓信爲全軍統兵大將，召韓信登壇受拜爲大將。」

校場上的眾將領聽說拜韓信爲大將，無不感到驚訝。他們都懷疑自己的耳朵是不是聽錯了，有的將領甚至不知道或沒有見過這位毫無軍功，並未曾統兵作戰的都尉。

就是這樣一位未曾統兵的都尉，南征北戰，攻城拔寨，爲漢王室立下了赫赫戰功，其軍事才能也得到了淋漓盡致的發揮，「明修棧道，暗渡陳倉」成爲軍事史上一次典型的、名垂千古的戰例，多爲後人所效仿。

試想，沒有劉邦登壇拜將的尊崇，韓信就是有天大的本事，又怎能指揮得動那一幫如狼似虎的將領呢？

在用人上，經營者對一個「圓」字必須理解到位。那就是不管施用什麼樣的手段，以被用之人能夠發揮最大作用爲最高原則。因此，一切條條框框、一切傳統思想的束縛都是這個「圓」字的敵人，也是領導智慧的最大疾患。

經營者的小故事

懂 心

機房重地的大門上有一把堅固的門鎖。粗大的鐵棒仗著自己威武有力，認為一定可以打開這把鎖，於是它使勁地撬，沒命地捶，費了九牛二虎之力，門鎖還是無法打開，自己卻遍體鱗傷。

鋼鋸看不過去，要鐵棒稍事休息，換由它上場，但是任憑它賣力地左鋸右拉，門鎖還是紋絲不動，鋼鋸自己卻氣喘如牛，累得半死。

這時，一把毫不起眼的鑰匙悄悄出現，它先說服鋼鋸給它試一試的機會，接著便將扁平而彎曲的身子深入鎖孔，一會兒的工夫，那把堅固的門鎖應聲打開了。

「怎麼可能？你怎麼做到的？」鐵棒和鋼鋸不服氣又驚訝地問道。

「因為我最懂它的心。」鑰匙溫柔地回答。

管理心得：每個員工的心上都安裝有一把牢固的大鎖，如果管理者只是慣性的運用高壓強制的手段強行打開，恐怕是不得其門而入，唯有確實瞭解他們內心真正的想法或需要，才能打開員工堅固的心鎖。

49 用短則短，用長則長

一個人的能力總是長短互見，用其短處他就是個矮子，用其長處他就是個巨人。一些經營者在位時間既長，經歷的重大事變又多，閱人無數之後在這一點上自然有深刻的認識，宋太祖趙匡胤用「活」敗軍之將陳承昭的事例是對這一認識的最好註腳。

陳承昭本是南唐的大將，官至南唐保義節度使，在南唐的地位非常顯赫。後周與南唐在淮南打仗，南唐國主委任陳承昭爲境、泗、楚、海等四州水陸都應援使，職位之高，權力之重，可使南唐三軍聽命。

而在當時，趙匡胤統率後周的先鋒部隊攻克了泗州，又發兵東下，與南唐陳承昭統領的軍隊遭遇於淮河。兩軍交戰，趙匡胤用兵有方，指揮得力，而陳承昭作戰無能，敗逃之中爲趙匡胤生擒活捉。因此，陳承昭身敗名裂，投降在後周得了個右監門衛將軍的小官。陳承昭在南唐時身重名赫，而在後周身微官小，再不能用兵也！

宋國初建，趙匡胤打算興治水利，開漕運以通四域。然而趙匡胤手下有勇將 3000、謀士 800 而不能用其治水，於是四處求賢，物色治水能人。「魚潛在淵，或在於渚」。這回趙匡胤什麼人都沒挑上，只選中了敗軍之降將，右監門衛將軍陳承昭，派他去督治惠民河，以通汴京南部漕運。如此，陳承昭重振雄風的機會到了。

陳承昭雖然打仗不行，但對水卻很有研究。趙匡胤命令中使疏浚惠民河，便以陳承昭為督監。他察看水勢，見惠民河水太小，雖疏浚也未必能通航運，於是遍尋水源以補惠民河之水。他勘察地形，見鄭地地勢較高，而鄭地西部的河流至鄭地後皆向東南流，但若稍加疏導，便能流向東北。這一勘察所得的結論完全正確，他讓民夫將鄭地西部的閔水引至新鄭匯入惠民河，又引撰水注入闊水，使二水相通共注入惠民河。因此，惠民河水大增，水貫連汴京，南歷陳州、穎州，直入淮河，溝通了京城與江淮的漕運。

趙匡胤見他治水確實有一套方法，於是在國家治水之事上大用陳承昭。在疏通了惠民河之後，又命他去疏浚五丈河。

五丈河因被泥淤、水少而不利舟行，而且只將河中淤泥挖出是不行的，也必須有能注入之水，於是為五丈河找水一時成為關鍵。陳承昭受命於太祖，仍是察地形、導水源，以廣闊五丈河之水。經過實地勘察，陳承昭發現在汴京東面，滎陽雖有汴河水東流，但還有兩條北流而無益的河，白白流入黃河。這兩條河一條是京水。在春秋時，鄭國北部有個地區叫京，鄭莊公曾封其弟弟段於此。段當時在京地建了一座國都，而且有條水從城旁過，便是京水。另一條河為索河，北流於大索城。經實地勘察，陳承昭認為京、索二水都可以引來注入五丈河。因此趙匡胤決定，自滎陽向東開渠百餘裏至汴京，將京、索二水東引入汴京城西，架流過汴河，向東注入五丈河。自此五丈河水滿，又將水東北流向濟州大運河，東北漕運由此而通。

趙匡胤欲平南唐，卻忌江南水軍之利。正沒有辦法時，陳承昭便建議宋國建立一支能打水仗的水師。於是在京城朱明門外鑿挖水池，引惠民河之水灌入大池之中，操練水軍。宋國既有水軍，水又能通匯江淮，使得南唐便很容易被平定。

這都是緣於趙匡胤用人之功。

俗話說：能者多勞。陳承昭既能治水，趙匡胤繼續樂而用之。他不僅使陳承昭疏河通漕，而且又派他治理黃河。趙匡胤在位期間，黃河屢屢決口爲害。他思圖治理黃河之計，說：「近者澶等數州霖雨降，洪河爲患，朕以屢經決溢，重困黎元（百姓），每閱前書，詳究經讀。至若夏後所載，但言導河至海，隨山浚川，未嘗聞力制湍流，廣營高岸。自戰國專利，堙塞故道（黃河最早在滎澤北流河北入海，西元前 601 年改道，由浚縣東北行歷河北、山東至天津入海），小以妨大，利而害公，九河之制（上古大禹導河，北播九條河入於海）遂隳，歷代之患弗弭。」

有感於黃河之患代有發生，趙匡胤無奈，每有黃河水患，就派陳承昭去修治河堤，承擔治河之責。陳承昭也不負宋太祖之望，在黃河兩岸廣植根系較密的榆樹，以防黃河決堤。

陳承昭是能人還是庸才？用於南唐爲庸才，用於北宋即爲幹才，這就是以能力與位置相結合而用人的奧妙。

一個人的長處和短處都是相對的，惟其如此，在以方圓之道用人的領導人眼裏，世上沒有不可用之人。死盯一個人的短處，他就算有天大的本事也無法發揮應有的作用。經營者只有對自己有足夠的自信，才能把一個人的長處充分挖掘出來。

經營者的小故事

沒有無用的人

清朝有位將軍叫唐時齋，在他的軍營裏面有一個聾子，唐時齋安排他在自己左右當侍者，這樣做是為了避免洩露重要軍事機密。他的部下還有一個是啞巴，於是唐時齋經常派他傳遞密信，一旦被敵人抓住，除了搜去密信，也問不出更多的東西。更奇怪的是他把瘸子派去守護炮臺，可使他堅守陣地，很難棄陣而逃；瞎子，聽覺特別好，可命他戰前伏在陣前聽敵軍的動靜，擔負偵察任務。

唐時齋的觀點固然有誇張之嫌，但確實說明了這樣一個道理：任何人的短處之中肯定蘊藏著長，用人就是找出他的長處。他這樣用人在很長的一段時間裏相安無事，還為他立下了不少功勞。

管理心得：人們的短處和長處之間並沒有絕對的界限，許多短處之中可以蘊藏著長處。有人性格倔強，固執己見，但他同時必然頗有主見，不會隨波逐流，輕易附和別人的意見；有人辦事緩慢，手裏不出活，但他同時往往有條有理，踏實細緻；有人性格不合群，經常我行我素，但他可能有諸多創造，甚至是碩果累累。領導者的高明之處就在於短中見長，善用短處。

50 要有發掘人才潛能的本事

一個人有多大的本事，到底能幹成個什麼樣子，恐怕他本人也未必能十分清楚。經營者用人講究貴在知人，是因爲用人者在知人的基礎上用人，可以把人才的潛能充分挖掘出來。

潘美是後周的客省使，掌朝中國信、使見、辦實及四方進奉、四夷朝覲貢獻之儀，是一個地道的文官。因陳橋兵變時受派去見後周執政大臣，爲使兵變和平進展出了力，功不可沒，趙匡胤登基做了皇帝，潘美自然也得到了福祿與地位。

宋國統一荆湖後，趙匡胤任命潘美爲潭州防禦使。從此潘美以文改武，成爲宋朝的將士。他不甘於默默無聞，總想在趙匡胤的統一大業中建立功勳，積極主動地做了一些被趙匡胤贊許的事。

潘美所任的潭州，南部因與南漢割據政相接，潘美曾請命攻取南漢在湖南的統治區域，得到趙匡胤的允許。他遂率兵攻取南漢統治的郴州，殺其刺史及招討使等南漢官員。南漢王劉悵見宋國奪取了郴州，慌忙任命內常侍邵廷爲招討使，率大軍抗禦宋軍。他們招兵買馬，訓練士卒，準備與宋軍抗衡。

潘美懂兵法，面對南漢的抵抗，不再採取新的攻勢，而與南漢軍冷戰對抗。他知劉悵信寵宦官、疑文臣武將而對之大行殺戮之弊，就暗地裏派人去南漢，用匿名的方法打小報告，告發邵廷暗藏異心，試圖謀反。劉悵果然中計，遣使賜邵廷自盡，軍事威脅頓釋。孫子說：「明君賢將，所以動而勝人，成功出於眾者，先知也。」潘美以離間兵法，智殺南漢大將，充分體現了他的智慧。

開寶三年九月，趙匡胤命潘美爲賀州道行營兵馬都部署，統朗州、道州、潭州等處兵馬，大舉伐漢。潘美正欲建功立業，聞命而行，統兵對南漢發動進攻。正所謂「式辟四方，徹我疆土」，潘美不負皇上之命，統三州兵馬，連下賀、昭、桂。連四州，直逼韶州。南漢王劉悵得知宋軍攻下屬於南漢的湖南地帶，反而對臣下說：「宋軍不過是奪回昭、桂、連、賀四州，他們只有幾州兵力，那敢南下呢。」

潘美在戰略上蔑視南漢政權，信心十足，因而對南漢的抵抗不放心上。他率軍長驅直入，再次擺出攻取韶州的架式，逼敵決戰。果然劉悵急令國中的精銳軍馬全部出發，遣都統李承渥爲元帥，令其死守韶州。一個「死」字足可見出其乏善可陳。專制統治者往往視人的生命爲兒戲，動輒便以「死守」、「死拼」、「拼死一搏」來要求下級將士犧牲性命，可見內心殘忍的一面，劉悵的南漢政權就是如此。

宋軍與南漢軍在韶州城北對壘。南漢軍搬出象陣對付宋軍。潘美早知南漢有這種戰法，見南漢果出象陣，於是命眾將士強弓射箭，箭如雨注，南漢象陣瓦解，象群返竄，南漢軍自相踐踏，宋軍乘勢衝鋒，大敗南漢軍，佔領了韶州。

韶州一失，廣州便無險可守。潘美率兵一鼓作氣，進至馬徑，於雙女山下立營，此處已距廣州城僅十里。劉悵見大勢已去，試圖從海上逃命，不料宦官和他的衛士搶先一步盜船遁去，使得劉悵欲逃不能。潘美見南漢並不組織軍隊來抵抗，廣州城外只有些竹木欄爲障，趁夜派人將竹木柵欄放火燒掉，然後揮師直搗廣州，宋朝遂統一了南漢。

《兵法》曰：「不爭天下之交，不養天下之權，信己之私，威加於敵，故其城可拔，其國可隳。」由此而觀潘美，他以三州之兵，孤軍深入，拔城隳國，統一南漢，僅用百日。

平定南漢後，潘美駐軍於廣州。他詳細地調查民俗民風，具體地瞭解南漢統治者給人民帶來的痛苦，如實地向朝廷反映情況，以便趙匡胤作出決策，頒佈有利於民的詔令。後來，趙匡胤統一南唐時，又命潘美爲都監，配合主帥曹彬完成了以不殺而使南唐歸順的使命。

趙匡胤在位期間，潘美一直受到器重，可以說是宋朝在軍事上的倚重大臣。潘美本是一介文士，趙匡胤發現了他的軍事才能，先是任命他爲潭州防禦使，而後又任他爲賀州道行營兵馬都部置，擔任征討南漢的主將，後來又爲征討南唐的副帥。在官銜上，潘美同曹彬一樣是宣徽南院使，並無厚薄，可見君臣之誼。

可以說正是趙匡胤的「發現」，使潘美這塊埋在土中的金子發出了奪目的光彩，而這發現無疑是建立在「知」的基礎之上。

一個「知」字，正是方與圓的集中體現。知人才能善任，不知人無法用對人。但是作爲一個日理萬機的經營者做到知人又談何容易，必須以主動性和公正性爲前提。同時，一個人的能力和表現又是多方面的，如何據其所知正確地判斷和使用一個人，則體現了經營者用人以圓的本領。

經營者的小故事

諸葛亮的失誤

三國時期，諸葛亮領兵攻打曹魏，曹魏派大將司馬懿前去迎敵。司馬懿熟讀兵法，足智多謀也是一個不可多得的帥才。司馬懿深知諸葛亮的厲害，他統兵到五丈原之後，堅守不出，無論諸葛亮派兵如何挑釁叫罵，都沒有用。

弄得諸葛亮毫無辦法，他甚至派人向司馬懿送去女人的衣物，借此來羞辱司馬懿應戰。司馬懿卻把諸葛亮送給他的女人衣服穿在身上，並親自款待了前來送衣物的蜀兵。席間司馬懿問起了諸葛亮的飲食及政務的繁簡問題，士兵說:「丞相夙興夜寐，罰二十以上者親覽焉。所啖之食，日不過數升。」

司馬懿對諸將說:「孔明食少事煩，其能久乎？」於是更加堅守不出。

沒過多長時間，諸葛亮終於心力交瘁，星落五丈原。諸葛亮事無巨細，全都一個人包辦，他認為「吾非不知：但受先帝托孤之重，唯恐他人不似我盡心也」。只可惜，諸葛亮雖為智者卻犯了管事與管人不加區別的错誤。

早先楊顒就勸說過諸葛亮：在管理制度上，要有明確的分工，就像治理一家產業一樣，一定要讓奴僕們各司其職，主人才能從容自在。如果一家的主人親自做所有的事，一定會形疲神困、終無一成。諸葛亮仍是不放心，怕辜負了先帝的囑託。

楊顒說的其實就是關於授權的道理，看起來很簡單，做起來卻是不容易的。

管理心得：適當地授權在使工作效率大大提高的同時，還具有不可替代的培養和發現人才的功能，這對一個企業的鞏固和成長是最為重要的。授權的目的在於使自己由工作的實施者變成工作的控制者，只有完成這一角色轉化，公司才能走上規範的運行軌道。

51 經營者需要具有特殊的胸懷

領導是需要胸懷的。胸懷就像能納百川之海，它讓你不計眼前得失，著眼於長遠利益，讓你能超越簡單的上下級關係。

春秋時期，秦晉兩國都是諸侯中的強國，都爲稱霸天下明爭暗鬥。秦穆公聽說晉文公病死，就決計乘機攻打晉的盟國鄭國。但是，當時秦國的智囊人物都堅決反對。他們認爲：鄭國離秦千里之遙，奔襲鄭國付出的代價太大。而且興師動眾，必然走漏風聲，結果不會理想。但秦穆公感到，是他幾次幫晉國平定了內亂，連其國君都是他立的。按理說，他應是諸侯之首領，但晉國並不認可。既然如此，何不以武力懾服呢？於是他固執己見，仍派孟明視爲大將，西乞術、白乙丙爲副將，率領大軍，直奔鄭國。當大軍行至半路，鄭國的牛販子弦高聽說去打自己國家，急中生智，牽來 20 頭肥牛迎上前去，並聲稱鄭國國君得知秦軍出師，特派他前來慰問。孟明視誤以爲鄭國已有準備，就對弦高說：「我們此次出師，是進攻滑國的，與鄭國無關。」隨即改變計劃，攻下滑城，滅了滑國。

與此同時，秦軍出師的真實意圖被晉國獲悉。晉國新任國君晉襄公爲提高自己的威信，並消除大臣們的懼秦心理，就親率大軍埋伏在崤山。待滅滑的秦軍滿載而歸路經崤山時，晉軍突然如從天降。迅猛衝來，秦軍頓時大亂。晉軍又乘勝追殺，秦軍全軍覆沒，孟明視、西乞術、白乙丙也都作了俘虜。晉襄公本想殺掉孟明視等三員大將，但其後母文嬴是秦穆公的女兒，她誘勸襄公把他們放回了秦國。晉襄公乃至孟明視等人都滿以爲秦穆公會親自殺掉敗將，萬沒想到他不但不殺，還親自到京郊遠迎。孟明視等一見秦穆公，馬上跪下請罪。而穆公趕忙把他們扶起來，還流著眼淚說：這都怪我當初不聽大臣們的話，執意派兵，害得你們受委屈。並表示：勝敗乃兵家常事，望你們不忘國恥，發奮圖強，以報仇雪恨！而且，繼續讓他們掌握兵權。孟明視等感動得熱淚盈眶，發誓效忠君王，爲國報仇。

此後，孟明視三人在秦穆公的大力支持下，招兵買馬，很快又組建起一支新的隊伍。一年後，孟明視認爲可以對外作戰了，就徵得秦穆公同意，去報崤山之仇。結果剛剛交戰，就被晉軍打得七零八散。孟明視異常悔恨，覺得無臉再見穆公，而穆公也不會再饒恕他。但當他灰溜溜返回秦國時，秦穆公依舊迎接他，仍把責任攬在自己身上，並讓他一如既往地掌握軍權。

兩次的慘敗，兩次的施恩，極大地感動了孟明視。爲了東山再起，他變賣了家產，撫恤陣亡將士家屬，親自招募兵將並進行訓練，深入軍營，與士兵同甘共苦。不久便又組建了一支紀律嚴明、士氣旺盛、兵精將廣的軍隊。2 年後，他再次揮師東進，結果大獲全勝，報了仇，雪了恥。

不以一失掩大德。秦穆公異乎尋常的舉動，深深感動了孟明視等敗將的心，他們怎能不奮勇殺敵、竭誠相報知遇之恩呢？

實際上，就像吳起爲士兵舐疽而士兵的母親聽後大哭一樣，這種寬厚和仁慈實際是一把催逼屬下爲自己死力效命的利刃，施用者都是胸懷博大的領導高手。

經營者的大度與寬容，表面上看只不過是一種圓融的手段，深層次上更是一把「方」的利劍——在這樣的攻勢面前沒有人能夠抵擋，只有拼死效命而已。

經營者的小故事

清潔工的答案

韓國某大型公司的一個清潔工，本來是一個最被人忽視，最被人看不起的角色，但就是這樣一個人，卻在一天晚上公司保險箱被竊時，與小偷進行了殊死搏鬥。

事後，有人為他請功並問他的動機時，答案卻出人意料。他說:「當公司的總經理從他身旁經過時，總會不時地讚美他『你掃的地真乾淨』。」

管理心得：金錢在激發下屬們的積極性方面不是萬能的，而讚美卻恰好可以彌補它的不足。因為生活中的每一個人，都有較強的自尊心和榮譽感。你對他們真誠的表揚與讚賞，就是對他們價值最好的承認和重視。

52 以攻制攻讓對手氣焰全無

面對對手咄咄逼人的攻勢該怎麼辦？有時候你退一尺人家就要進一丈，讓你退無可退；有時候儘管你可以採取退守的策略，但同時也留下了莫大的隱患，而主動出擊、以攻制攻，則可以打消對手的氣焰，讓自己一勞永逸。「人不犯我，我不犯人；人若犯我，我必犯人」，因爲「犯人」是避免別人「犯我」的最有效的辦法。

以攻制攻這一領導智慧，在戰爭中體現得最直觀，其中以戰止戰就是對這一智慧的化用。

以戰止戰的意思是用戰爭去制止和消除戰爭。《商君書・畫策》云：「以戰去戰，雖戰可也。」作爲應變術，以戰止戰是指用進攻的手段來反擊對手的進攻的一種策略。

以戰止戰是一種積極的應變術。德國軍事理論家克勞塞維茨在《戰爭論》中說：「決不要採取完全消極的防禦，而要從正面或側面攻擊敵人，甚至當敵人正在進攻我們的時候，也要這樣做。」

西元 996 年 5 月，北宋叛軍李繼遷率萬餘人圍攻靈州，北宋朝廷一面命靈州守將竇神通率眾兵堅守城防，一面採取以戰止戰的策略，於 9 月兵分五路進擊李繼遷。五路兵馬形成龐大的合圍之勢，約期會師於烏白池。儘管五路進軍未能按預期方案行動，但對制止李繼遷對靈州的圍攻起到了重要作用。次年 2 月，李繼遷在形勢逼迫下從靈州撤軍。

1888 年 8 月，明將徐達、常遇春等率軍攻佔元大都，元順帝逃出都城，元朝即告滅亡。接著，明軍乘勢進軍山西，清掃元軍餘部。這時，明將馮宗異、湯和率領軍兵進入山西後，被元朝太原守將擴廓帖木兒打得大敗，並且，擴廓帖木兒乘勢率軍出雁門關，經保安，準備奪下居庸關後，進襲北京。面對元軍的咄咄攻勢，明軍有的將領認爲應該退保北京。徐達在認真分析了敵我態勢後，主張以攻制攻。他親自率軍進入山西，直搗太原。在進襲途中，夜襲元營獲得成功，擴廓帖木兒落荒而逃，元軍由此大亂，徐達乘勝攻取了太原。

以攻制攻的策略是一步智招，也是一步險招，沒有大無畏的勇氣不行，沒有機智應變的智慧也難以成事。只有二者的有機結合，才能達到滅對手威風、長自己志氣的目的。

經營者的小故事

關不住的袋鼠

某國家的一個動物園為新來的袋鼠修建了一個 1 米高的鐵籠，可是第二天，人們發現這個小傢伙居然在籠子外面蹦蹦跳跳。於是，工作人員又把鐵籠重新加固，可小袋鼠同樣又跑了出來。

袋鼠的鄰居長頸鹿對此大惑不解:「如果他們持續把圍欄加固，你還跑得出來嗎？」

「也許會吧，誰知道呢。」袋鼠悠閒地回答。

「我不相信你會有那麼大本事，那麼粗的鐵欄，那麼堅固的大鎖，你怎麼能再逃出去？」長頸鹿心理極不平衡。

「我確實能再逃出去，」袋鼠說,「只要它們一直忘記鎖門的話！」

管理心得：在企業管理中，規章制度就是鐵欄，考核就如同鎖門。因此，鐵籠雖牢但不關門，制度就形同虛設，起不到任何作用。袋鼠心野，總想溜出鐵欄；人有私心，一旦缺少約束與監督，就會自覺或不自覺地「闖紅燈」。明白了這個道理，就應該知道企業管理各方面制度的建立固然重要，但若考核、監督機制不能及時跟上，一切就只能是聾子的耳朵——擺設。

53 在重大問題上亮出鮮明的立場

一提到「智慧」二字人們總喜歡把它與老謀深算、雌伏待機劃等號，實際上，那些真正能登大雅之堂的經營者，並不憚於在大是大非的問題上，亮出自己鮮明而堅定的立場。

北宋名臣司馬光就是一位走到那裏就把大字招牌立到那裏的經營者。

嘉祐二年，司馬光的人生之路遇到了重大轉折。他再次被調入京，擔任開封府推官等職。嘉祐六年被提升爲起居舍人，同知諫院。諫院是專門批評朝政得失的機構。司馬光擔任諫官五年，以其剛正不阿的性格，從內政外交到社會道德，向朝廷提出了許多批評和建議。

有一段時間，仁宗皇帝病了，幾個月不能上朝，大臣們都很著急，因爲那時還未立太子，國事不穩，但又沒有人敢出來講話。諫官範鎮首先發出立嗣的議論，司馬光在並州聽說後寫信給範鎮，勸他拼命力爭此事。

後來司馬光又當面對仁宗說:「臣以前通判並州所呈上的三份立嗣的奏章，希望陛下果斷地採納。」

仁宗沉思了很長時間說:「選宗室爲後嗣，常人不敢觸及此事，只有忠臣才這樣做。」

司馬光說:「臣言及此事,自知必死,沒想到陛下開始採納。」

仁宗說:「立宗室爲後嗣對朕並無害處,古今都有這樣的事。」

但司馬光退朝後並沒有聽到立嗣詔命,便又上疏說:「臣以前進言,意思是說立即施行,現在寂然無聲,什麼也沒有聽到,這一定是有小人說陛下年富力強,爲什麼急於做不吉祥的事。小人沒有遠慮,不過想在倉猝之際推立他們交厚親善的人啊。『定策國老』、『門生天子』的禍患,能說得盡嗎?」

仁宗大爲感動,立即要求將奏書送到中書省。司馬光對韓琦等人說:「諸公不於現在作出定議,日後禁中在夜半之時遞出片紙,上寫以某人爲皇嗣,那麼天下沒有誰敢違抗。」

韓琦等人拱手說:「那敢不盡力。」不久,朝廷詔令宗室宗實(即後來的英宗趙曙)判宗正以爲立嗣的過渡,但宗實推辭不就任,於是徑立爲皇太子。但宗實又藉口有病不入宮,司馬光上書仁宗:「皇子推辭不能計量的財富,已至一個月,他的賢德遠遠超過一般人了。然而父親召喚不應諾,君有命徵召而不待駕,希望用臣子的大義要求皇子,應當必須入宮。」於是英宗接受了詔命。

嘉祐八年三月,仁宗皇帝病重,他對司馬光等臣子的忠心盡職十分讚賞,臨終前留下遺詔,賞賜司馬光等一筆財寶。英宗繼位後,也十分感激司馬光等人的上奏,果斷地執行了仁宗的遺詔。司馬光對受賜的同僚說:「現在國家貧困,錢財缺乏,我們不應該接受這麼多的賞賜。」有的人聽了,不以爲然:先帝恩賜,不接受就是對先帝的不尊敬。也有人這樣說:「皇上恩賜，是無上光榮，那有不受之理！」於是，司馬光決定將自己分得的財寶交給諫院作公費，以減輕國庫的負擔。

過了不久，西夏派遣使者來祭仁宗，延州指使高宜引導陪伴，對西夏使者傲慢，侮辱西夏國王。後來，西夏使者將這些情況訴於朝廷，司馬光當即上疏朝廷，請求對高宜治罪，朝廷不同意。第二年，西夏人進犯邊境，殺掠官吏士民。趙滋據守雄州，只以勇猛強悍治理邊地，司馬光論證這樣做不行。這時，契丹的百姓在界河捕魚。朝廷認爲雄州知州李中佑是沒才幹的人，想罷免他。司馬光對皇帝說：「國家在戎夷歸順的時候，喜歡與他們計較枝節小事，等到他們桀驁不馴時，又姑息他們，此斷非良策！最近西邊的禍患發生於高宜，北方的禍患起源於趙滋，當時朝廷正以此二人爲賢能，所以邊防之臣都以製造事端爲能事。這樣的發展趨勢不能讓它再繼續下去了，應當敕令邊地官吏，因疆界小事就用刀劍相加的人，判罪！」

司馬光擔任諫官的這幾年，是他從政以來的黃金時代。現在看來，這些批評和建議，其目的當然是爲了宋朝天下的長治久安，但他反對北宋中期的因循苟且和弊病叢生，證明了司馬光當時既不守舊，更不頑固，而是主張改革朝政的有志之士。

司馬光在重大的問題上不遮掩、不模棱兩可，並因此遭受了一些挫折，但最終的結果證明，無論從個人仕途還是爲官的政治貢獻來說，司馬光都是一個成功者，一個懂得領導智慧妙用的人。

經營者的小故事

褲子變短

原來有戶人家，家裏人都很和善，處處為對方著想，被很多人稱讚羨慕。

後來，兒子成了教授。每天忙很多事情，家裏人看到很是心疼，便更加勤快地幫他分擔事情。

這天，教授在飯桌上宣佈了個好消息:「過兩天，我有場重要的科研發佈會，這個項目投資了很多錢，而且規模也很大，會有不少名人出席呢！」

妻子聽到了，心想：既然是這麼重要的會，也得穿得好好的呀。於是去商場幫丈夫買了一套西裝。

丈夫穿上以後，妻子便關心地問道:「怎麼樣？還合身嗎？」

丈夫回答道:「嗯，不錯，就是褲腿好像長了，要是能再短兩釐米就好了。不過現在這樣也挺好。」

教授為了養足精神便早早地睡了，他媽媽在客廳閑著沒事，便找來兒子的西褲，剪掉兩釐米，弄好便回去睡覺了。

妻子忙完廚房裏的事，看到丈夫的西褲想起來了，她邊剪邊想：這下就好了，明天穿起來就覺得舒服了。剪完後感覺到累了，便也睡下了。

女孩在房間溫習功課到很晚，突然想起了爸爸的西褲，心想:「你們老是說我還小，這次我要做點什麼。」便又剪了兩釐米。

第二天，丈夫在房間裏大叫:「怎麼變成這樣了？我的長長的褲子，怎麼變成短褲了？」

他的母親、妻子和女兒一看全都傻了眼。

管理心得：故事中的主人公們因為溝通不到位，付出了3倍的勞動得到的結果卻是一條廢了的褲子。項目溝通管理是成功所必需的因素，它在人、想法和信息之間提供了一個關鍵性連接。在項目管理中，溝通是一個軟指標，其所起的作用不好量化，溝通對項目的影響往往也是隱形的。但是，溝通對項目的成功，尤其是IT項目的成功非常重要。主動溝通、良好的溝通技巧有助於項目經理控制項目進度和成本，保證項目成功。

心得欄 ________________

54 不要安於現狀，要下決心排除阻力

常規往往束縛人，但束縛的是庸人，是喜歡安於現狀、不求進取的人。對於欲有所作爲的經營者來說，突破常規求發展、一往無前求成事是其鮮明的性格特徵和做事風格。明朝名將袁崇煥就是以這一風格脫穎而出的。

明熹宗天啓二年，時任邵武縣知縣的袁崇煥進京辦事，和禦史侯恂有一番高談闊論。當時，後金進犯明朝不斷，明軍屢戰不勝，袁崇煥就此評論說：

「我乃天朝大國，戰之屢敗，不在將士不用命，而在朝廷用人有失也。對付金人要以狠對狠，不惜代價，如能做到用人無誤，寸土必爭，何愁打不敗金人呢？」

侯恂十分欣賞袁崇煥的才能，於是向朝廷推薦了他。袁崇煥由正七品的知縣升爲正六品的兵部職方司主事，從此在京城爲官。袁崇煥官位雖低，但總是多提主張，不厭其煩地向上司獻言獻策。袁崇煥的上司怯弱無能，對聰明能幹的他並無好感。

一次，袁崇煥又提建言，同僚們聽得入迷，齊聲贊好。上司臉色難看，忽制止他說：「打仗要看真本事，那有你說得這樣輕鬆呢？現在前方戰事吃緊，如果你有心報國，不妨前去殺敵。」

袁崇煥見上司生氣，不明所以，他的一位同僚悄悄說：「你

初爲朝官，上司一定是怪你太顯示自己了。你這樣聰明有識，不是正好襯出上司的無能嗎？你應該多提一些迂腐之見，我們當下官的不能超越上司啊。」

袁崇煥不聽，他反問說：「若是小事，也就罷了，有關社稷的大事，也如此嗎？我是爲朝廷命運擔憂，這樣做難道有錯？」

不久，遼東戰事更加惡化，金兵連克關外重鎮，直逼山海關。

京城人心惶惶，袁崇煥卻騎了一匹馬，孤身一人出關考察。他回京後找到上司，主動請戰說：「我去了遼東，破敵之策足矣，只要給我兵馬糧餉，我定可守住山海關。」

打仗極爲兇險，許多人都避之不及，上司見袁崇煥甘冒死難，心中又驚又喜，他對袁崇煥說：「朝中無事，反倒埋沒了你的才能，正好前線缺人，你可速往。」

袁崇煥被升爲兵備僉事，前去駐守山海關。有人聽到這個消息，急忙來見袁崇煥，他急迫地說：「上司這是要排斥異己，才會命你前去，你不該答應啊。」

袁崇煥一笑道：「仁兄錯了，此乃我主動請命，並非上司所派。」

來人苦笑道：「從前你所提之議，上司無一採納，爲何今日准你所請？上司是恨你太深了。你這個人處處誇能，聲望亦佳，有你在，上司便感到不自在，他能容忍你嗎？」

袁崇煥沉默多時後道：「國難當頭，我們都不該計較太多，這件事誰也不要提了。」

袁崇煥一到山海關，立即展開備戰，修築工事。當時軍中缺額虛報的現象嚴重，將領幾乎無官不貪。袁崇煥爲了穩定軍心，提高戰鬥力，決心懲治幾個爲首的將領。

一個年老的將領勸袁崇煥罷手，他透露底細說：「爲首的將領膽大妄爲，是因爲他們後面都有靠山，你懲治了他們，不是自取禍殃嗎？此事不足爲怪，你還要爲自己考慮。」

袁崇煥堅持己見，年老的將領又說：「從前其他的新官上任，都是自表無能，顯露短處，他們不是不想建功，而是不敢有爲啊。你如果不遵常規行事，縱有大功也會讓上司猜疑不滿，那麼不如無爲的好。」

袁崇煥歎息說：「難怪我軍屢敗，有這樣的種種陋規，朝廷還有希望嗎？我顧不了許多了，我所做的一切都是爲了挽救朝廷啊。」

袁崇煥殺了那幾個爲首的將領，士兵一片歡呼。在袁崇煥的領導下，邊關兵備煥然一新，一時間清軍也只好避其鋒芒。

不遵常規，不計後果，敢於做出格的事，成就了袁崇煥一生的英名。對於任何一個想有所作爲的經營者來說，關鍵時候，拿出一點不遵常規的勇氣來，就能創造出非同一般的機會。

經營者的小故事

絕地而生

有一天，一個農夫在泥濘的道路上牽著驢回家，驢子一不小心掉進了一口枯井裏，農夫絞盡腦汁想救出驢子，但幾小時過去了，驢子還在井裏痛苦地哀號著。

折騰了半天，筋疲力盡的農夫決定放棄，他想驢子年紀也大了，他請了些人往井裏填土，想把驢子埋了，以免它還要忍受一段時間的痛苦。

一幫子人七手八腳地往井裏填土。當驢子明白了自己的處境之後，剛開始叫得很淒慘，但過了一會兒驢子便安靜下來了。農夫好奇地探頭往井裏看，卻看到了令他大吃一驚的景象：當鏟進井裏的土落在驢子背上的時候，驢子馬上將泥土抖落一旁，然後很快地站到泥土上面。

驢子不停地將大家鏟到它身上的土悉數抖落到井底，它始終都站在泥土的上面，驢子站在愈來愈高的泥土上，最後，在眾人的歡呼聲中，這只驢子終於上升到了井口，只見它抖落了身上最後的泥土，歡快地跑了出來。農夫由悲轉喜，快樂地牽著驢子回家了。

管理心得：本來看似要活埋驢子的舉動，由於驢子處理困境的態度轉變，實際上卻幫助了它，這也是改變命運的要素之一。如果我們以肯定、沉著穩重的態度面對困境，助力往往就潛藏在困境中。管理者必須具備一種突破自我的精神，勇敢地迎接惡劣的環境，挑戰環境也挑戰自我，讓自己在幾乎註定失敗的困境中，想辦法尋找出路，這樣雖然在短期內會遇到挫折和阻力，但是因此而取得的成就，也會是前所未有的。

55 不擇手段的強進必然害人害己

進是一種領導智慧，是特定條件下做事謀成的必要手段。但是，如果把握不好也可能走入爲進而進的偏失。有的人爲了讓自己的仕途不斷向上攀升而不擇手段，甚至不惜坑人害人，這樣做無論他升到多高的位置，也只能落個害人害己的結果，其作爲也走上了領導智慧的反面，成爲弄權使奸的典型了。

權力慾對於明朝大奸臣嚴嵩來說，永遠都沒有止境。做了內閣次輔的嚴嵩已開始算計著怎樣登上首輔之位。內閣首輔翟鑾的資望、秩位都在嚴嵩之上，但是世宗並不太喜歡他。嚴嵩正想排擠他，揣摸到世宗的心態後，他就開始尋找突破口。翟鑾的兩個兒子同時中了進士，嚴嵩便唆使給事中王交指控翟鑾二子在科舉上有作弊行爲。昏庸的世宗不加調查，將翟鑾父子三人全部削職爲民。翟鑾一去，不久嚴嵩升爲首輔，內閣實際上已被嚴嵩控制。

世宗補吏部尙書許贊、禮部尙書張璧入閣，同嚴嵩一起參預機務。但是嚴嵩大權獨專，根本不讓許、張二人參預票擬的要務。而世宗有事也只召嚴嵩一人商議。許贊曾感歎說：「爲何奪去我的吏部，使我成爲旁觀之人。」爲了堵住許、張等人的不滿之言，嚴嵩上奏世宗說：「昔日夏言與郭勳同爲朝中大臣卻互相猜忌，有失臣子之道。請求皇上以後有事宣召，讓內閣大臣們一同入見。」世宗雖然沒有採納嚴嵩的建議，但心裏愈發喜歡嚴嵩了。嚴嵩以退爲進的欺人之舉又一次達到了取悅皇上、詆毀對手的目的。不久，嚴嵩累進吏部尙書、謹身殿大學士、少傅兼太子太師。

嚴嵩這次的首輔夢僅做了一年多就破滅了。嘉靖二十四年，張璧死去，許贊老病辭職，世宗召回嚴嵩的老對頭夏言入閣，並讓夏言做了首輔，職位仍在嚴嵩之上。夏言高亢的氣勢又淩駕嚴嵩之上，很快將嚴嵩的黨羽趕跑了幾個，嚴嵩恨在心裏，卻無力援救。嚴嵩的兒子嚴世蕃驕橫陰險，依仗父勢攬權作惡，橫行於公卿間。夏言聲明要揭發嚴世蕃的罪惡，嚴氏父子嚇得半死，雙雙到夏言榻下長跪謝罪，號哭求情，夏言這才甘休。夏言一日不去，嚴嵩心裏就一日不安。他又想鬼主意陷害夏言了。他打聽到陸炳與夏言關係僵化，就與陸炳聯合傾陷夏言。

世宗是個多疑之人，他雖重新起用夏言，但並不十分信任他。他派內監夜間分別去窺視嚴嵩和夏言的活動。嚴嵩買通了內監，每次窺視，他都事先知曉，便故意裝出一副討皇上喜歡的形象，在燈下閱讀青詞稿。夏言不知情，每次很早就入睡了。世宗聽說嚴嵩夜晚閱讀青詞稿而夏言卻早早就睡了，因而對嚴嵩更加寵愛，而對夏言越來越討厭。

不久，善揣帝意的嚴嵩發覺自己又有希望打倒夏言了。嘉靖二十五年，夏言任用曾銑總督陝西三邊軍務。當時，蒙古俺答佔據明河套地區，經常南下殺人越貨。曾銑屢敗俺答，建議整頓軍備，收復河套，得到首輔夏言的大力支持。正當夏言、曾銑收復河套之際，宮中失火，皇后去世。迷信道教的世宗以爲這是不祥之兆，對收復河套之事猶豫不定。嚴嵩不會放過這個機會，爲了個人恩怨和一己的私利，嚴嵩可置國家利益於不顧。他立即迎合世宗之意，把宮中發生的災變歸咎於曾銑開邊啓釁、誤國大計所致。世宗信以爲真，對收復河套的態度急轉。

嘉靖二十七年正月，夏言罷職，曾銑下獄。不久曾銑被處死。嚴嵩還要置夏言於死地。他說夏言通過其岳父與曾銑的同鄉關係，接受了曾銑的賄賂。這年十月，夏言被殺，嚴嵩如願以償地又當上了內閣首輔。

爲了鞏固自己的地位和權勢，嚴嵩一直不忘羅織親信，培植黨羽，「遍引私人居要地」，作爲自己的爪牙和耳目。爲了逢迎討好嚴嵩，朝中不少官員甘願認嚴嵩爲父，嚴嵩僅乾兒子就有 30 餘人，其子嚴世蕃是他結党竊權的最得力幫手。嚴世蕃奸猾機靈，嚴嵩讓他在各部門活動，結交一些無恥小人，使他們成爲自己門下的奴才。尙書闕鵬、歐陽必進、高耀、許論等人都是嚴嵩的死黨。對於朝廷重要部門的控制，嚴嵩毫不含糊。

吏部文選和兵部職方是兩個低微的官職，但由於吏部文選負責辦理官吏的升遷和調任，兵部職方負責軍制的具體事宜，所以嚴嵩讓親信萬采和方祥分別擔任文選郎和職方郎，將此二部門牢牢控制在自己手中。這兩人常把文簿拿給嚴嵩任意塡發，時稱二人是嚴嵩的「文武管家」。通政司是負責呈送奏章的重要部門，嚴嵩自知壞事做得多，免不了受彈劾，如果安插人在通政司，凡奏疏經手，便能事先獲悉其內容，及時籌劃應付之策。為了控制這個部門，嚴嵩保薦其義子趙文華做了通政使。每有上疏奏章，必先由趙文華將副本送給嚴嵩看過後，再上奏皇上。此外，如貪黷財貨、侵漁邊餉而被譏諷為「總督銀山」的總督胡宗憲，貪得無厭、威傾東南的都禦史鄢懋卿，大將軍仇鑾等，都是嚴党的重要成員，遍佈於政府各重要部門。

在培植同黨的同時，嚴嵩殘酷無情地打擊異己勢力。對於嚴氏父子的貪污受賄、專權亂政、結黨營私、魚肉百姓的惡行，許多正直的官員義憤填膺，紛紛上疏揭露他們的罪行。嚴嵩對這些人的打擊既殘忍又不露痕跡。他有一套護身的本事和害人的手腕。他常在世宗身邊，摸透了世宗的秉性，知道他愛回護自己的短處，所以嚴嵩常常故意挑起事端激怒世宗，殺害政敵以達到自身目的。嚴嵩想要解救某人，他就先順著世宗的意思將此人痛駡一頓，然後委婉曲折地向世宗解釋、求情，使世宗不忍治罪。他若要陷害某人，就故意觸及世宗所忌諱之事，將世宗的喜怒控制在自己手中，往往能達到借皇帝之手誅殺異己的效果。

凡是反對嚴嵩的沒有一個不遭受他陷害，輕則貶黜，重則殺頭。在嚴嵩當政時，謝瑜、葉經、童漢臣、趙錦、王宗茂、何維柏、王曄、陳塏、厲汝進、沈煉、徐學詩、楊繼盛、周鐵、吳時來、張翀、董傳策等曾先後彈劾嚴嵩或其子嚴世蕃。這些人都遭到了嚴嵩的殘酷報復，有些人還被置於死地。張經、李天寵之死，也與嚴嵩有直接或間接的關係。至於其他不願聽從嚴嵩擺佈而被斥逐的就更多了。

嘉靖三十年，沈煉彈劾嚴嵩十大罪，指出，俺答長驅直入北京是由於嚴嵩廢弛邊防所造成的。沈煉還歷數嚴嵩納將帥之賄，攬吏部之權，索撫按歲例，陷害言官，專擅國事等十大罪，奏請皇上誅殺奸臣嚴嵩。在嚴嵩的策劃下，沈煉被處以廷杖之刑後貶謫到保安。沈煉到保安後，爲了洩憤，做了三個草人當作李林甫、秦檜、嚴嵩，經常以箭射之。嚴嵩得知後，氣急敗壞，指使其黨羽宣大總督楊順等人捏造了一個罪名，將沈煉殺死。

嘉靖三十二年，兵部員外郎楊繼盛揭發嚴嵩有十大罪和五大奸。十大罪是：壞祖宗成法，竊君上大權，掩君上治功，縱奸子僭竊，冒朝廷軍功，引悖逆奸臣，誤國家軍機，專黜陟大柄，失天下人心，敝天下風俗。楊繼盛指出嚴嵩憑靠五奸而得逞其陰謀，即收買世宗的太監近臣做耳目，任用親信趙文華掌要害部門通政司，勾結廠衛官員、籠絡科道官員、網羅各部官員以爲心腹。楊繼盛對嚴嵩的揭發可謂一針見血，全面具體而尖銳。在眾多彈劾嚴嵩的奏疏中，以楊繼盛的言辭最爲激烈，此疏一出，贏得社會上很多人的推崇。但是嚴嵩顛倒黑白，挑撥是非，昏聵的世宗忠奸不辨，將楊繼盛處 100 杖刑，投入牢獄。嚴嵩對這個處置仍不甘心。嘉靖三十四年，嚴嵩把楊繼盛無中生有地牽扯到張經冒功案中，加以殺害。

誠然，通過這一系列不擇手段的運作，嚴嵩的權勢達到了人臣的頂峰，他的「強進」策略似乎也算頗有成效。但是有句古話叫做「多行不義必自斃」，嚴嵩的作爲是對領導智慧的褻瀆。他最後家破人亡的結局也有力地證明了這一點。

56 退一步能見識到更廣闊的天空

高明的經營者並不一味地爭強好勝，在必要的時候，後退一步，做出必要的自我犧牲，反倒可以見識到更廣闊的天空。

清河人胡常和汝南人翟方進在一起研究經書。胡常先做了官，但名譽不如翟方進好，在心裏總是嫉妒翟方進的才能，和別人議論時，總是不說翟方進的好話。翟方進聽說了這事，就想出了一個應付的辦法。

胡常時常召集門生，講解經書。一到這個時候，翟方進就派自己的門生到他那裏去請教疑難問題，並一心一意，認認真真地做筆記。一來二去，時間長了，胡常明白了，這是翟方進在有意地推崇自己，爲此，心中十分不安。後來，在官僚中間，他再也不去貶低而是讚揚翟方進了。

明朝正德年間，朱宸濠起兵反抗朝廷。王陽明率兵征討，一舉擒獲朱宸濠，建立了大功。當時受到正德皇帝寵信的江彬十分嫉妒王陽明的功績，以爲他奪走了自己大顯身手的機會。於是，他散佈流言說：「最初王陽明和朱宸濠是同黨。後來聽說朝廷派兵征討，才抓住朱宸濠以自我解脫。」想嫁禍並捉住了王陽明，作爲自己的功勞。在這種情況下，王陽明和張永商議道：「如果退讓一步，把擒拿朱的功勞讓出去，可以避免不必要的麻煩。假如堅持下去，不做妥協，那江彬等人就會狗急跳牆，做出傷天害理的勾當。」爲此，他將朱宸濠交給張永，使之重新報告皇帝：朱宸濠捉住了，是總督軍門的功勞，這樣，江彬等人便沒有話說了。王陽明稱病休養到淨慈寺。張永回到朝廷，大力稱頌王陽明的忠誠和讓功避禍的高尙事蹟。皇帝明白了事情的始末，免除了對王陽明的處罰。王陽明以退讓之術，避免了飛來的橫禍。

如果說翟方進以退讓之術，轉化了一個敵人，那麼王陽明則依此保護了自身。

以退讓求得生存和發展，這裏蘊含了深刻的哲理。

心得欄 --

57 功成而退，留下完美結局

經營者走過的路並不是一帆風順的，有進的時候，也有退的時候。有時是策略性地主動退卻，有時則是時勢所迫地被動退卻。不管是主動的退還是被動的退，如果身退心不退，就會造成莫大的禍患，實爲領導智慧的大忌。

老子曰：「功成、名遂、身退，天地之道。」這話真是造就了中華民族的性格。

在《易經》裏，就有「否極泰來」、「剝極而複」的話，意思是說倒楣到了極點，好運就會來臨，反之，鼎盛到了極點，也就快倒楣了。

漢武帝征討匈奴，李廣已經有很多的功勞了，只是由於種種原因沒有封侯，因此，他請求做前將軍出征。漢武帝以李廣年事已高，過了好久，才答應了這事，任命他爲前鋒。這一年正是元狩四年，李廣已經跟隨著大將軍衛青出擊匈奴，出了關塞後，衛青捕到了一個俘虜，得知匈奴首領單於的位置，就親自率領精兵去追單於，卻命令李廣的軍隊合併到右將軍的部隊中去，從東邊出擊。東路稍微繞遠，而衛青他們大部隊的道路上，水草很少，不能屯兵宿營。李廣請求說：「我本來是前將軍，如今，大將軍下令調我從東路出兵。且我從年輕束發時起就一直與匈奴作戰，今天才得到了一個與單於對戰的機會，我願意擔當先鋒，先與單於拼一死戰。」而大將衛青暗中受了皇帝的告誡，認爲李廣年紀已老，命運不好，不要讓他與單於對戰，怕達不到預期的目的。大將軍命令長史寫了一道命令，直接送到李廣的軍部，並說，趕快到右將軍的軍部去，照命令上所說的辦。李廣沒向大將軍衛青辭行就起程了，心裏特別生氣地來到軍部，率領軍隊與右將軍趙食其會師從東道出發，但終因走東道誤軍而自刎。

漢宣帝的時候，先零羌曾經反叛，營平侯趙充國已經 70 多歲了，還非常自信，認爲當時的漢將還沒有能超過自己的。他受詔命於金城平定了羌族的叛亂，可他的兒子趙卯卻因爲平羌之事招至了殺身之禍。

漢光武帝時期，五溪一帶的蠻人反漢。新息侯馬援已經 80 多歲了，還在皇帝面前「據鞍顧盼」，以表現自己的英雄氣概。光武帝對他大加讚賞說：「老將軍真是神勇不減當年！」於是，任他爲帥，領兵平叛。後來在壺頭死於軍中，真是應了他的話：「男兒當馬革裹屍而還！」

唐朝代國公李靖本來是養病在家。這年正遇上吐谷渾族侵犯邊境，他聽說後馬上去見丞相房玄齡，對他說：「我雖然年邁，但對付蠻夷之人尙可，平叛還是沒問題的。」但他平叛歸來後卻遭受到別人的陷害，差一點招來殺身之禍。到唐太宗伐遼時，徵求他的意見，他還說：「我現在雖然是年老體衰，如果陛下不嫌棄，我照樣可以披甲出征。」

郭子儀 80 多歲還任關內副元帥，朔方、河中節度史。實際上他早已是功成名就，該自動讓位給後來人了，可他一直不求身退，最後的結局是讓德宗罷免。

歷史上這幾個人，那個不是英雄，堪稱人中豪傑？但他們都不免被功名牽累，何況那些不如他們的人呢？文臣以運籌之才輔國，武將憑決勝之勇定邦，人們成就功名的慾望就是爲了得到這個名聲，古往今來的賢卿大夫們很少去琢磨這道理，不去珍重自身，真是讓人感歎激流勇退的人太少了！

58 戰略退卻，就不能顧及戰術得失

不到迫不得已，誰都不願意往後退，因爲退卻總要付出代價——一時的名利、面子等等。但是既然是爲了更大的「得」而退，就不應過分計較小處之「失」。

春秋時期，晉楚兩國爭霸。處在晉楚中間地帶的鄭國雖然弱小，但鄭國國君鄭襄公卻不甘示弱。一次，在朝堂上，鄭襄公對眾臣子表明了心志，他說：「從前莊公在位時，我們鄭國地位尊崇，敢於向王室挑戰，今日想來也是風光無限。我想重振鄭國聲威，再創霸業，你們當要用心助我。」

眾人同聲附和，臉上卻無歡喜之狀。鄭襄公十分得意，又侃侃道：「晉楚雖然看似強大，但是在我眼裏卻不足爲慮。爲什麼這樣說呢？因爲俗人太注重事物的表面了，而看不到事物的

實質。只要我們君臣一心，鄭國一定能打敗晉楚，恢復祖宗的榮光。」

鄭襄公唱著高調，卻提不出一項具體主張，鄭襄公的弟弟公子良眉頭一皺，倒吸口涼氣。他猶豫多時，終站出來對鄭襄公說：

「主公雄心圖治，可喜可賀，但爭霸之事臣以為不可。」

鄭襄公不料弟弟第一個站出來反對，十分不快，他陰沉著臉說：「尋常百姓尚有光宗耀祖之想，何況一國之主呢？我這樣做全為鄭國著想，你還有理由反對我嗎？」

公子良不緊不慢地說：「天道造就了強弱，這是事實，必須加以正視。身為弱者，可以在心裏藐視強者，但絕不可在行動上輕視它。如今晉楚皆強，乃是人所共見，鄭國避之尚恐不及，何能與之爭鋒呢？縱是百般不願，鄭國也要禮敬晉楚，否則吃虧的只能是我們吶！」

鄭襄公心中有氣，呵斥了公子良一頓，拂袖而去。

朝中百官都贊同公子良的說法，但畏於鄭襄公的權威，他們都不敢袒露真言。鄭襄公於是獨斷專行，先是和楚國結盟，後又背楚親晉，公開向楚國挑戰。

西元前 598 年春，楚莊王親自領兵討伐鄭國。楚軍大勝，鄭軍節節敗退。

這個時候，鄭襄公才慌亂起來，他急向群臣問計，說：

「現在形勢危急，你們可有退敵的良策嗎？只要能保全鄭國，儘管講來。」

百官見鄭襄公態度誠懇，方放下顧慮，有人說：

「從前公子良曾勸諫主公，可惜主公不聽。我們雖心急如焚，奈何愚鈍無知，還請主公垂詢公子良吧。」

公子良於是被請到殿上，鄭襄公先自責道：

「賢弟有先見之明，只怪我錯怪賢弟了。無論為國為家，還請賢弟拯救危難。」

公子良心中感動，動容道：

「主公知錯能改，國之幸甚。時下當務之急乃是讓楚國罷兵，縱是一時有損主公的顏面，主公也要接受啊。」

鄭襄公心頭一沉，說道：「退敵不能有傷國之尊嚴，否則不惜冒死一戰了！」

公子良連連搖頭，動情道：「楚強鄭弱，豈可硬拼？我們不能抱怨上天不公，而只能設法週旋了。楚國現在以武力來犯，這是我們鄭國無法抗衡的，這一點我們必須要認清。如果我們表示背棄晉國，親近楚國，主動向楚王認錯，相信楚國也就沒有了再攻打的理由。這樣做雖然讓主公面上無光，但可避免亡國的大患，對主公而言是有小失而獲大得，主公當立即實行。」

鄭襄公心中贊成公子良的提議，面子上仍感到難堪，公子良於是開導他說：「對強者保持必要的禮敬，是弱者生存的謀略，主公不要介意俗人的想法。為了鄭國的基業和百姓的生死，主公就勉為其難吧！」

鄭襄公疑慮頓消，馬上派人和楚莊王講和，態度十分恭敬。這一年夏天，他還親自參加了楚國與鄭國在辰陵的盟會，極力擁戴楚國的盟主地位。同時，鄭襄公也沒有斷絕同晉國的交往。這樣，夾在兩強之間的鄭國左右逢源，化解了重重危機。

以一時的面子之失換來國家的立足之地，鄭襄公這一步退得恰逢其時。自己釀下的苦酒即使再難喝，也要自捏鼻子喝下去，爲了戰略上的成功退卻，再大的戰術之失也是值得的。

59 極盛時，更要常懷退讓之心

爲形勢所逼不得不退，爲掩飾進擊假裝後退……但是一旦大權在握、功德圓滿便露出了廬山真面目，以一幅小人得志的嘴臉不再把別人放在眼裏。而真正聰明的經營者越是在極盛時期卻越是懷有退讓之心。

唐朝時，由於治理四川，成績斐然，高士廉於貞觀五年上調京師，出任吏部尙書，掌管官員的選拔任命。在這樣一個要害部門任職，他不謀私利，處事公允，所獎薦提拔之人都能用其所長。但是，當唐太宗李世民準備冊封長孫無忌爲司空時，高士廉卻站出來反對了。他說:「我所幸能和長孫無忌一樣成爲陛下的姻親，我們都已身居高官了，如果陛下再冊封我的外甥、您的妻兄爲司空，恐怕天下人會說您任人惟親，不利於陛下您的名聲啊！」長孫無忌也極力推讓，但唐太宗還是堅持，他認爲長孫無忌既有才又有功，仍然冊封他爲司空，並且因爲高士廉的威望與才幹，不久也提拔他爲尙書右僕射，同中書門下三品，官居宰相。

高士廉官居宰相之職，家世又十分顯赫。他的祖父、父親及他本人都任過宰相。他的兒子高履行任過戶部尙書，他的外甥任太尉，外甥女爲皇后，此等滿門榮耀在當時是絕無僅有的。但是他本人卻毫無驕意，非常謙虛謹慎，清正廉潔。他一共有六個兒子，分別取名爲履行、至行、純行、真行、審行、慎行，意即希望子孫後代能戒驕戒躁，有好的品行。在這方面，無疑高士廉升任宰相以後的一言一行是最好的說明。

他每給太宗上表章奏摺，擬定以後馬上把草稿焚毀，這樣就沒有人知道他究竟對皇上說了什麼。有一次，太宗率師遠征朝鮮半島，留皇太子監國，高士廉攝太子太傅，在後方負總責。每逢料理政事，高士廉與太子同坐一榻，凡事皆仔細參酌，提出建議，務必徵得太子同意。他本人每有議案給太子，還在榻前恭恭敬敬地呈上，這樣講究禮節連太子也心有不安，畢竟他比太子長兩輩，又是當朝元老。於是太子要給他另排一個座位，議事時直接面對宣講即可，不必都屈尊奉對。高士廉則堅辭不允，一如既往。

高士廉當宰相的幾年，正是唐王朝蒸蒸日上、百姓安居樂業的時期。他主要負責朝廷的日常事務，尤其在官員的選拔任命上恪盡職守，爲唐王朝的長治久安盡了自己的綿薄之力。到了貞觀十六年，高士廉便請求退休，頤享晚年。唐太宗同意了他的請求，但仍然保留他的宰相稱號，以示尊重。第二年又下令將高士廉的畫像列入凌煙閣永久保存。這是一種只有德高望重、且對國家立有大功的人才能享受的榮譽。

身進而心退，這對於宦海沉浮的人來說是件頂難做到的事，因為很多人打拼數年孜孜以求的正是「身進」之後的無限榮光和好處。不過，經營者要想身處人生的風口浪尖上而不致被吞噬，還是學一學高士廉為好。

60 感化比打壓更有效

經營者用什麼方法才能讓難以駕馭的下屬乖乖就範？有的人用打壓的辦法，因為如用手中的權力舉起殺威棒是最便捷的做法，但這種做法的效果也是有限的。高明的經營者會退後一步，放下殺威棒，揮起芭蕉扇，以春風化雨的方法去感化對方。

上官婉兒，是李唐五言詩「上官體」的鼻祖上官儀的孫女。上官儀是唐初重臣，曾一度官任宰相。高宗李治懦弱，後期又不滿武則天獨斷專行，便密令上官儀代他起草廢後詔書。不料被武則天發覺，便以「大逆之罪」使上官儀慘死獄中，同時抄家滅籍。時年一歲的婉兒及其生母充為宮婢，被發配東京洛陽宮廷為奴。婉兒 14 歲那年，太子李賢與大臣裴炎、駱賓王等策劃倒武政變，婉兒為了報仇也積極參與。但事情敗露，太子被廢，裴炎被斬，駱賓王死裏逃生。上官婉兒明知自己也將被處死，但結果完全相反：竟被武則天破例收為宮女專事書信。

原因何在？主要是上官婉兒有才，而武則天又尤為愛才。上官婉兒 14 歲時曾作了一首《彩書怨》的詩，被武則天無意中發現。武則天不相信這麼好的詩竟會出自一位女孩之手，便以室內剪綵花爲題，讓她即席做出一首五律來，同時要用《彩書怨》同樣的韻。婉兒略加凝思，就很快寫出：「密葉因栽吐，新花逐剪舒。攀條雖不謬，摘蕊詎知虛。春至由來發，秋還未肯疏。借問桃將李，相亂欲何如？」

武則天看後，連聲稱好，並誇她是一位才女。但對「借問桃將李，相亂欲何如？」裝作不解，問婉兒是什麼意思。

婉兒答道：「是說假的花，是以假亂真。」

「你是不是在有意含沙射影？」武則天突然問道。

婉兒十分鎮靜地回答：「天后陛下，我聽說詩是沒有一定的解釋的，要看解釋的人的心境如何。陛下如果說我在含沙射影，奴婢也不敢狡辯。」

「答得好！」武則天不但沒生氣，還微笑著說：「我喜歡你這個倔強的性格。」並將她 14 歲入宮時制服烈馬獅子驄的故事，講給婉兒聽。接著又問婉兒：「我殺了你祖父，也殺了你父親，你對我應有不共戴天之仇吧？」

婉兒依舊平靜地說：「如果陛下以爲是，奴婢也不敢說不是。」

武則天又誇她答得好，還表示正期待著這樣的回答。接著，讚揚了她祖父上官儀的文才，指出了上官儀起草廢後詔書的罪惡，期望婉兒能夠理解她、效忠她！

然而，婉兒不但沒有效忠武則天，卻出於爲家人報仇的目的，參與了政變，成了罪人。這對高宗來說，應是充滿同情和設法庇護的。但他懼怕武則天，只能藉口有病，「不能多動心思」，而讓武則天決定。這對司法大臣來說，只能提出按律「應處以絞刑」，若念其年幼，也可施以流刑，即發配嶺南充軍。而武則天則認爲：據其罪行，應判絞刑，但念她才十幾歲，若再受些教育，是可以變好的。所以，不宜處死。而發配嶺南，山高路遠又環境惡劣，對一個少女來說，也等於要了她的命。所以，也太重些。尤其是她很有天資，若用心培養，一定會成爲非常出色的人才。鑑於此，武則天決定對婉兒處以黥刑，即在她的額上刺一朵梅花，並把婉兒留在自己身邊。還表示：如果我連一個十幾歲的女孩子都不能感化，又怎麼能夠「以道德感化天下」呢？

結果，武則天確實把婉兒感化了。該殺而不殺，反而留在自己身邊，這已使婉兒感激涕零。此後，武則天又一直對婉兒悉心指導，從多方面去感化她、培養她、重用她。婉兒從武則天的言行舉止中，瞭解了她的治國天才、博大胸懷和馭人藝術，對她徹底消除了積怨和誤解，代之以敬服、尊重和愛戴，並以其聰明才智，替她分憂解難，爲她盡心盡力，成了她最得力的心腹人物。甚至婉兒的生母也曾對人私下議論：婉兒的心完全被武后迷住了！

退一步做事比一往無前的橫衝直撞效果要來得慢，但一旦生效，則要強烈和持久得多。

61 在細微處把握進退的時機

經營者所處的位置本來就很敏感，也並非每天處理的都是看起來驚天動地的大事件。其實，往往是在事的一些細微處，體現出進退時機的把握能力，體現出領導智慧的妙用。

在使用和對待小人的問題上，進退之間，北宋宰相王旦做得恰到好處。

人的優點與缺點之大小多少實在有著極大的差別。君子具大德有小過因而可諒可用，相反，小人則是缺大德因而不可信、不可用而必須提防壓制。

宋真宗想拜王欽若爲相，王旦制止說：「王欽若受陛下賞識提拔，地位與待遇已相當優厚，我還是希望他能留在樞密使的位置上，這樣，樞密府與相府之間也可以保持平衡。我朝從太祖開國以來，還沒有任用南方人當宰相的先例，雖然古人說惟才是舉，但也必須是真正的賢才才可以破例提拔。我身爲宰相，不敢壓抑賢才，但不同意王欽若當宰相，這是公眾的意見。」

由於王旦反對，真宗便暫時放棄了自己的想法。直到王旦去世後，王欽若才被放手使用，因此，王欽若逢人便說：「是王旦使我當宰相的時間延遲了十年！」當初，王欽若與陳堯佐、馬知節同在樞密院任職，因爲彙報工作，當著皇帝的面發生了爭吵。真宗把王旦叫來處理糾紛時，王欽若還在大罵不已。馬知節哭著說：「我願與王欽若一起到禦史府對質，請求公正評判。」王旦怒叱王欽若退下，才平息了這場紛爭。事情發生後，真宗非常憤怒，立即下令要將王欽若三人投入監獄。王旦嚴肅地說：「王欽若等人多年來一直憑藉著陛下的特殊寵愛，所以才敢如此肆無忌憚。陛下要責罰他們，也應當選擇公開正式的場合。今天，您暫且回宮休息，明天我再來領取聖旨。」

真宗召見王旦，問他是否安排了處罰王欽若的事情。王旦回答：「王欽若等人理當處罰，但不知陛下要冠以什麼罪名？」

真宗說：「判他們忿爭無禮的罪名。」

王旦說：「陛下治理著天下，卻用忿爭無禮的罪名將大臣入獄，如果這件事傳到國外，恐怕會因處罰失當而損害您的威信。」

真宗問：「你說該怎麼辦呢？」王旦說：「應該通過中書省傳達您的旨意，把王欽若叫來宣佈陛下對他們寬大爲懷的態度，同時對他們予以警告。等過一段時間，再將他們罷免也爲時不晚。」

真宗同意了王旦的處理辦法，並說：「如果不是您說了話，我真是難以容忍他們這樣放肆。」

一個多月後，王欽若等人都受到了免職的處分。

王旦作爲皇帝使者負責修理兗州景靈宮，太監周懷政與他一起同行。有一次，周懷政趁便請求與王旦相見，王旦卻一定等隨從的人都來到後，才穿著官服在大庭廣眾下與他見面，說完了正事就立即告別。後來，周懷政因爲策劃政變而被殺，眾人才知道王旦識人之準與深謀遠慮。另一名太監劉承規因爲忠厚老實受到真宗的喜愛，在他將要病死的時候，請求皇帝能封他做節度使。皇帝對王旦說：「如果不答應他，劉承規會死不瞑目的。」王旦卻執意不批准，並說：「如果今後有人臨死前請求封為樞密使，難道也要答應他嗎？」劉承規的遺願終於沒有實現。而且自此以後，北宋的太監們沒有一個人做官到樞密使這一級別的。

今天看來，王旦並沒有什麼驚人之舉，也算不上千古留名，但他在處理日常事務中能夠時時處處以知人為先，又能有理、有利、有節地具體安排每件事的處理方案，把事情做得既符合公忠體國之道又穩妥有條理，從中可以看出王旦的水準。對我們來講，也極富有借鑑意義。

經營者的小故事

微小的失誤

理查三世和里士滿公爵為了爭奪英國的統治區，發動了戰爭。戰鬥進行的當天早上，理查三世派了一個馬夫去備好自己最喜歡的戰馬。

「快點給它釘掌，」馬夫對鐵匠說，「國王希望騎著它打頭陣。」

「你得等等，」鐵匠回答，「我前幾天給國王全軍的馬都釘了掌，現在我得打點兒鐵片來，才能完成工作。」

「我等不及了。」馬夫不耐煩地叫道，「國王的敵人正在推進，我們必須在戰場上迎擊敵兵，有什麼你就用什麼吧！」

鐵匠埋頭幹活，從一根鐵條上弄下四個馬掌，把它們砸平、整形，固定在馬蹄上，然後開始釘釘子。釘了三個掌後，他發現沒有釘子來釘第四個掌了。「我需要一兩個釘子，」他說，「得需要點兒時間砸出兩個。」

「我告訴過你我等不及了，」馬夫急切地說，「我已聽見軍號，你能不能湊合？」

「我雖然能把馬掌釘上，但不能保證像其他幾個那麼結實。」

「能不能掛住？」馬夫問。「應該能，」鐵匠回答，「但我沒把握。」

「好吧，就這樣，」馬夫叫道，「快點，要不然國王會怪罪到咱倆頭上的。」

兩軍交上了鋒，理查三世衝鋒陷陣，鞭策士兵迎戰敵人。「衝啊，衝啊！」他喊著，率領部隊衝向敵陣。遠遠地，他看見戰場另一頭自己的幾個士兵退卻了。如果別人看見他們這樣，也會後退的，所以查理策馬揚鞭衝向那個缺口，召喚士兵調轉頭繼續戰鬥。

他還沒走到一半，一隻馬掌掉了，戰馬跌翻在地，理查三世也被掀翻在地上。國王還沒有抓住韁繩，驚恐的馬就跳起來逃走了。理查三世環顧四週，他的士兵們紛紛轉身撤退，敵人的軍隊包圍了上來。

他在空中揮舞寶劍，「馬！」他喊道，「一匹馬，我的國家傾覆就因為這一匹馬。」

他沒有馬騎了，他的軍隊已經分崩離析，士兵自顧不暇。不一會兒，敵軍俘獲了理查三世，戰鬥結束了。理查三世就這樣失敗了，失敗在缺少的一個馬掌上面。看上去一個小小的細節，卻改變了歷史的發展。

管理心得:「蝴蝶效應」是我們都熟悉的理論，現實的經濟活動有時候就如同多米諾骨牌一樣，一點輕微的晃動就會導致整體系統的崩潰。或許只是一件產品不合格，就導致了工廠的倒閉。這絕對不是天方夜譚，我們要關注每一個細節，才有可能保持最完善的狀態。

心得欄

62 有求於人，就要在共同利益上施力

經營者必須精通「共同利益」的重要性，靠「共同利益」聯結雙方的心。一個人把這一點做得非常漂亮，局面必會向自己一方傾斜。劉備有了諸葛亮，猶如魚之得水，而諸葛亮有了劉備，則有了施展才幹的一個大舞臺，諸葛亮從此可以實施他自己操縱亂世的文韜武略了。

諸葛亮出山，一上來便很棘手。他要協助劉備奪取荊州，但荊州是群雄覬覦的焦點。曹操已定河北，荊州必是下一個目標，而東吳早已三次進攻荊州江夏，荊州問題已經「國際」化了。以劉備微薄的力量，如何不讓荊州落入曹操之手，爭得荊州，又與劉表及東吳為友？面臨這些難題，幾乎沒有又必須尋找到出路。

在諸葛亮出山的第二年，即建安十三年七月，曹操集結步、騎兵南下，佯稱攻擊南陽郡，秘密大舉進軍荊州。

形勢嚴峻，劉表決心收縮兵力，重點防禦襄陽，待疲憊曹軍後反攻，以確保荊州。急令劉備從新野撤到樊城駐防，保衛一水之隔的襄陽，又以江陵為後方基地，儲備大量軍用物資，支援前線。

大軍壓境，對劉備既是挑戰，也是機遇。但劉備退至樊城

時，僅有兵力 5000。

曹操率軍佔據襄陽後，聽說劉備已帶領大批民眾撤走，親率精銳騎兵 5000 人，拋下輜重，輕軍追擊，一日一夜行 300 裏。前鋒曹純和荊州降將文聘終於在當陽長阪追上劉備軍。

正當劉備這支敗兵上天無路、入地無門時，在長阪遇上東吳前來聯絡的使者魯肅。這很意外，東吳同荊州劉表是世仇，孫權又企圖奪取荊州，一統吳楚，稱霸南方，不料卻派來使者。

孫權是極明白利害關係的英主，他認識到，曹操南下荊州，是同東吳爭奪荊州，得手後勢將進攻東吳，東吳連生存都將成爲問題，還談什麼奪取荊州呢！眼下曹操躍升爲第一位的敵人，應該調整敵友關係，同荊州建立聯合戰線。孫權派出魯肅後，自己也前往柴桑，就近密切注視事態發展。

魯肅在出使途中，路經夏口，聽說曹操正在向荊州進軍，及至到達南郡時，劉琮已經投降，劉備正在南撤，便迎上前去，同劉備相遇。劉備是落難鳳凰不如雞，然而魯肅的巨眼掂得出這位失敗英雄的分量，決意極力促成孫、劉兩家合作，聽劉備說今後打算投奔蒼梧郡太守吳巨，忙向劉備指出，吳巨平庸，行將被人吞併，不足以托身。他傳達了孫權希望結盟的意願。

諸葛亮早想同東吳結緣，長阪大敗後以實力不足和不明東吳態度，沒有主動聯吳，不料魯肅找上門來，做了聯合的發起人。魯肅不僅處在有條件採取行動的一方，而且眼光過人。

對於魯肅其人，諸葛亮並不陌生，哥哥諸葛瑾與他私交甚深，有關魯肅爲人早已從兄長處獲知不少。更何況危難中一見，很有相見恨晚之感，談得十分投機。

諸葛亮既敬佩魯肅的眼光，又敬重哥哥的朋友，同魯肅建立了深厚友誼。劉備偕魯肅繼續退卻，途中先後會合關羽水軍和劉琦 1 萬人馬，眾軍循漢水進入長江，放棄原來西上江陵的計劃，進駐江漢會合處的夏口。

這時曹操佔領江陵，擁有劉表水軍，將以絕對優勢兵力沿江東下，進擊東吳，劉備在夏口，首當其衝。孫、劉聯合僅爲意向，尙未敲定，形勢萬分危急。

諸葛亮受任於敗軍之際，奉命於危難之間，與魯肅急匆匆奔赴柴桑，會見在那裏觀望成敗的孫權。

諸葛亮冷靜分析東吳內部的形勢，感到和、戰的關鍵操在孫權之手。孫權不願意降曹，但對於弱軍能否戰勝強軍及依靠誰來抗曹尙無把握和良策，決心難下，猶豫不定。此行使命的關鍵，是遊說孫權定下抗曹決心。對此，諸葛亮充滿了信心。

諸葛亮代表荆州方面，同孫權展開談判。他以爲，儘管己方大敗之後處於不利地位，但必須掌握主動，談的時候要坦白、徹底，以建立信任，要講藝術，取得好效果，先鼓動孫權抗曹的決心，再消除他的顧慮。

整個會談，諸葛亮完全佔有主動，掌握了會談的進程。會談取得圓滿結果。於是孫權召集群臣商議和、戰大計，統一思想。在此關鍵時刻，東吳突然接到曹操來信，信中聲稱將率領 80 萬水步大軍，前來伐吳。東吳官員無不失色，大多數主張迎降，孫權無奈，召來中護軍周瑜。在周瑜力排眾議下，東吳決定了迎戰大計。孫權命周瑜等率兵 3 萬，隨諸葛亮前往會師劉備，齊心協力抵禦曹操。

諸葛亮出使東吳，本來有求於人家，可是他反客為主，用激將法成功地說服了孫權聯合抗曹。聯吳的目的達到了，還顯得是孫權求他。諸葛亮初次受命，便顯示出超群的外交智慧和藝術。

諸葛亮隨後乘船趕赴前線，協助指揮孫、劉聯軍作戰。當年冬，曹軍和聯軍在赤壁隔江相持，周瑜發起火攻，火燒曹船，劉備軍配合在陸上追殲，共同大破曹軍，曹軍損失大半，曹操退回北方。聯軍追至江陵，經過一年圍攻，守將曹仁棄城。曹軍由於失去水軍基地，無法再建強大的水軍。曹操赤壁鎩羽而歸，不能戰勝南方，直到西元 280 年晉滅吳，中國才實現統一，這一推遲，竟達 73 年之久。

赤壁之戰，為三國形成舉行了一個奠基禮。這次戰爭能夠取得勝利，關鍵是建立了孫、劉聯盟和孫權在極端困難條件下決策抗曹。這兩方面，諸葛亮都作出了重大貢獻，與周瑜、孫權一起改寫了中國歷史。

在很多時候，外交是非常必要和有效的操縱局面的手段，外交賴以成功的基礎是找到共同的利益，諸葛亮正是深刻地認識到蜀吳兩國的戰略利益關係，才通過外交手段將蜀吳的兩盤局合在一起布，才一舉擊退了強大的魏國。這一謀劃過程把諸葛亮以智佈局的特點體現得淋漓盡致。

63 拙於謀劃，會讓危局成敗局

敗局的釀成大多是因爲經營者在危局當中謀劃不當。要想引導局勢向有利於自己的方向發展，必然首先看清局勢，明白敵我雙方的優勢和缺陷，並在此基礎上精心謀劃。反之，身在危中而不知危，或者應對不當、謀劃不精，欲進一步可就難於上青天了。

戰國末期，隨著秦國統一戰爭的節節勝利，呂不韋的權勢也日益擴大，取得的封地也越來越多。呂不韋多次受封，擁有三大食邑，奴僕過萬，這在秦國以前的宰相中是從未有過的事。呂不韋所預想的「無數的利」似乎全部兌現了，但呂不韋是一個外來的客卿，其權勢之大，財富之多，不能不引起秦王室以及那些豪門貴族的嫉恨，一般的權臣倒也無法撼動呂不韋的地位，於是秦王政與呂不韋爭奪最高政治權力的鬥爭就必然不可避免了。

秦王政八年，贏政 21 歲，按照秦國的慣例，第二年就要舉行冠禮並開始親自執政。呂不韋不早不晚，就在這年把早已開始編纂的《呂氏春秋》拋了出來。很顯然，這是做給秦王政看的，是要借此表明自己是秦國真正的理論權威，要秦王政親政後，能夠按照他制定的施政方針行事。

然而秦王政偏偏不是呂不韋所想的那種順從的君主。他生性專橫獨斷，又具有雄才大略，根本不願聽從呂不韋的擺佈，也不能容忍呂不韋獨攬大權。他們都主張統一，這一點促使秦國能夠較快地統一天下，但他們在其他方面存在著極大的分歧。

秦王政十分信仰法家韓非的政治學說，這與呂不韋的政治學說在不少地方是針鋒相對的。韓非反對大臣專權，而呂不韋恰恰是個專權的大臣。韓非反對講仁義，主張嚴刑峻法，而呂不韋是主張講仁義、反對只講嚴刑峻法，反對殺無罪之民的。呂不韋主張國君要「處虛」，不必過問具體政務，而秦王政卻是事必躬親，所有國家大事，包括一切刑事案件都要由他專斷。權力的衝突、政見的分歧，看來是無法彌合的，兩人的衝突隨時都會爆發，而突如其來的「嫪毐事件」給了秦王政以藉口，兩人的爭鬥一觸即發。

嬴政最初即位時，才 13 歲，但他已聽說母親和呂不韋有私情，只是裝作不知道，不過他並不知道呂不韋就是他的親生父親。後來秦王政長大了，太后趙姬還是淫亂不止，呂不韋怕姦情敗露，災禍降臨，就把自己的門客「大陰人」嫪毐獻給太后。呂不韋還假意叫人告發嫪毐犯了該受宮刑的罪，私下裏又教太后暗中厚賞主持腐刑的官吏，假稱嫪毐受了腐刑，拔去他的鬍鬚讓他冒稱宦官，這使他才得以進到王宮侍奉太后。太后和他私通後，十分寵愛他，後來他們生了兩個私生子，並且密謀：嬴政一死，就把私生子立爲繼承人。

秦王政因爲母親寵愛嫪毐，封他爲長信侯，把山陽和河西、太原兩郡作爲他的封地，並任用他主持國家大事，嫪毐一時權勢顯赫。嫪毐家有奴婢數千人，許多人爲了求得一官半職，專去嫪毐家做門客。

秦王政九年，有人告發嫪毐不是閹人，常和太后私通，養有兩個兒子，都藏起來了。秦王政借機下令調查，嫪毐無言以對，決定謀反，並趁秦王政到秦故都雍城蘄年宮舉行冠禮之機，偷走了秦王的禦璽和太后的璽印發兵作亂。早有戒備的秦王政當即命令呂不韋、昌平君、昌文君等率軍反擊叛軍，咸陽一戰，誅殺數百人。嫪毐兵敗逃走，被追兵活捉。嫪毐和他的黨羽被車裂而死，嫪毐三代被誅滅，他的門客都被收審，家屬遷到蜀地。秦王政痛恨自己的母親淫蕩不止，將她囚禁在雍宮，並殺掉那兩個私生子。直到齊閏茅蕉來勸說秦王時，他才到雍宮將太后迎回咸陽。

這次事件也牽連到呂不韋。嫪毐被殺後，秦王本想也殺死呂不韋，只因他事奉先王有大功，以及他的門客和一些說客替他說好話，這才沒有給他定罪。不過，秦王還是免去了他的宰相一職，並遣返他回到自己的封地洛陽去。

在免職的一年多時間裏，各國諸侯的賓客和使者頻繁往來於洛陽，問候呂不韋，大有請他出山之意。

秦王政怕發生變亂，就寫封信給呂不韋：「你對秦國有什麼功勞？可秦國給你 10 萬戶的封地。你跟秦國有什麼親屬關係？可以自稱『仲父』？現在請你與你的家屬遷到蜀地去居住吧！」

呂不韋知道事情已無可挽回，不久就遷往蜀郡。他忖度自己的處境，害怕被殺，於是在流放途中喝毒酒自殺了。呂不韋死後，他的門客偷偷埋葬了他。秦王政知道後，又分別對他們作了處罰。這場鬥爭以秦王政的完全勝利而告結束。

面對秦王嬴政咄咄逼人的攻勢，如果呂不韋在關係破裂之前適度退讓，被免職以後趕快收斂，能夠用行動表明忠心，消除秦王的疑慮，結果恐怕是另一種局面，能夠東山再起也未爲可知。從這一點上說，呂不韋可謂聰明一世、糊塗一時。

經營者的小故事

失火前後

有位善於思考的人，有一天應朋友邀請前去做客，他們邊走邊聊來到主人的庭院，他抬頭看見主人家廚房的灶台煙囪是直的，旁邊又有很多木材。

他馬上告訴主人說:「煙囪要改曲，木材須移去，它們這樣近距離的接觸，將來可能會導致廚房火災。」

主人聽了不以為然，沒有做任何表示，只是淡淡地說:「你真是杞人憂天，它們又不會自己生火，怎麼就會起火災呢！」

他見主人這樣說了，自己也不好再說什麼。

不久這戶人家廚房果然失火，四週的鄰居趕緊跑來救火，最後火被撲滅了，於是主人烹羊宰牛，宴請四鄰，以酬謝他們救火的功勞，可是唯獨沒有請當初建議他將木材移走、煙囪改曲的善於思考的人。

這時有客人說：「你怎麼沒有請上次提醒你會失火的人呢！」

「我為什麼要請他呢。」這家主人說。

「如果當初你聽了那位先生的話，也不會出現這場火災了，今天也不用準備筵席了，而且沒有火災的損失。所以，你今天宴請幫忙救火的，首先應宴請原先給你提建議的人，可是，你卻把救火的人當做座上客，真是讓人想不明白啊！」

這家主人一拍手說：「對呀，要是我早聽他的話，也不會有今天這樣的事情發生。」

於是他起身去請當初曾給他建議的客人來自己家一起參加宴席。

管理心得：一般人認為，能夠解決企業經營過程中各種棘手問題的人，就是優秀的管理者，其實這是有待商榷的。俗話說：「預防重於治療」，能防患於未然，更勝於治亂於已然。由此觀之，企業問題的預防者，其實是優於企業問題的解決者。

習以為常的生活方式，也許是最具危險性的生活方式。因為習慣了的東西很難改變，而當你覺醒時，往往是回天乏術了。

心得欄 ------------------------------------

64 端平一碗水，才能贏人心

依法辦事是經營者的道德準繩，而只有處事有公心，能信守惟公之道的人才能做到這一點。同時只要你做到了這一點，就能凝聚人心，就能做到本來千方百計難以做到的事。

唐太宗時名相魏徵極力主張以法治國，國家制定的法律條文上下都要遵守，即使是皇帝也不例外，也要依法辦事，不得隨意改動法律，或以個人意志來代替法律。一次，唐太宗遣使點兵，尚書右僕射(副宰相)封德彝請點 16 歲的中男。按唐律規定：民 16 爲中男，18 始成丁。18 歲以上的丁男開始服兵役，而現在爲了多徵兵，竟要徵 16 歲的男子入伍。當時太宗接受了這一建議，並草擬出詔敕。魏徵認爲這種做法違反了唐律，堅決不肯簽署，且如此者四次。按唐朝制度規定，皇帝的詔敕需大臣們副署簽字後才能生效。

太宗被魏徵激怒了，當面責備魏徵固執，他說：「中男壯大者，乃奸民詐妄以避徵役，取之何害，而卿固執至此！」

魏徵從容答曰：「夫兵在禦之得其道，不在衆多。陛下取其壯健，以道禦之，足以無敵於天下，何必多取細弱以增虛數乎！且陛下每云：『吾以誠信禦天下，欲使臣民皆無欺詐。』今即位未幾，失信者數矣！」

太宗十分驚訝地問：「朕何爲失信？」

魏徵依然十分鎮靜，擺出了幾件太宗失信於天下、有令不遵的事實。太宗感悟，同意不點中男，並深有感觸地說：「夫號令不信，則民不知所從，天下何由而治乎！朕深過矣！」

在執法的時候，魏徵注重賞罰分明，不徇私情，以維護法律尊嚴。他在給太宗的上疏中說：「刑罰之本，在乎勸善而懲惡，帝王之所以與天下爲畫一，不以輕疏貴賤而輕重者也。」濮州刺史龐相壽因貪污被撤職。他原來是太宗爲秦王時的老屬吏，便向太宗求情，唐太宗欲複其原職。

魏徵進諫曰：「秦王左右，中外甚多，恐人人皆恃恩私，足使爲善者懼。」

太宗欣然採納，並說：「我昔爲秦王，乃一府之主；今居大位，乃四海之主，不得獨私故人。大臣所執如是，朕何敢違！」龐相壽流涕而去。

魏徵還曾用「能爲國家守法」六個字表彰公正執法的法官薛仁方，同時揭露了皇親國戚違法亂紀的事，以維護法律的公正。

張玄素爲侍御史，彈劾樂蟠縣令叱奴騭盜官糧，太宗大怒，特令處斬。但按當時法律，叱奴騭不當死，因此魏徵進諫太宗說：「陛下設法，與天下共之。今若改張，人將法外畏罪。且複有重於此者何以加之？」於是太宗改判，叱奴騭得免死。

在封建社會，法的首要任務在於保衛政權和皇權不受侵犯，制裁「謀反」者被列爲刑章之首，而當具體執行時又會株連甚至冤枉很多無辜的人。唐相張說在處理這方面問題時即能做到「不枉良善，不漏罪人」，以捍衛法律的尊嚴。

景雲元年，譙王李重福(唐中宗子)於東都謀反，失敗後自殺。留守捕獲枝黨數百人，考訊謀反內情，經久不決。唐睿宗遂令張說前往推按。張說一夜之間即捕獲李重福謀主張靈均、鄭愔等，經審問，盡得其謀反內情。同時又將那些被冤枉的人全部釋放。張說處理此謀反案的做法一反傳統，因而使很多人避免了株連和冤死。睿宗聞後非常高興，他慰問張說說：「知卿按此獄，不枉良善，不漏罪人。非卿中正，豈能如此？」「中正」二字，道出了依法辦事的經營者爲官之道。

違規犯禁，自然應當以公正之心依法處置，但現實情況往往要複雜得多，有些矛盾不是靠照搬條文所能解決的，這時候既要以「中正」之心把一碗水端平，又要表現出一定的靈活性。

公平地對待一碗水端平還表現在對犯錯者應當批的要動真格地批，對受到不公正對待的，要予以認真地補救，並能以恰當的語言使之冰釋前嫌。

心得欄 ------------------------------------

----

65 以假面示人，可知真相

經營者高高在上，如果一開始就以真實面目示人，很可能被那些喜歡察言觀色、投機取巧的人抓住破綻加以利用。聰明的領導不妨先裝出一種無能、糊塗的假像，讓一切弊端現形，然後對症下藥，從而達到更快更佳的爲政效果。

戰國時齊國國君齊威王，姓田，名因齊，一名嬰齊。他在位 30 餘年，用鄒忌爲相，田忌爲將，孫臏爲軍師，並注意發展思想文化，辦有「稷下學宮」，接待各國學者前來講學。由於齊威王知人善任，銳意改革，使齊國的政治、軍事和文化都呈現出一派新氣象。

齊威王是在周顯王十二年繼位的。繼位之初，他曾將國家政事交給國中卿大夫(諸侯所屬高級長官)治理。但是，幾年之後，齊國出現了一片百官荒侈、行政不理的混亂局面。對此，齊王宮中有一個叫淳於髡的人，借隱語進諫，引起齊威王對局勢的關注。

淳於髡向齊威王道:「齊國國內有一種大鳥，棲息在王庭之中，三年來既不飛也不鳴。大王可知它是什麼鳥吧？」

齊威王聽出淳於髡的弦外之音，隨即機智地還其隱語，答道:「這種鳥呵不飛就罷了，一飛就會衝天，不鳴就罷了，一鳴就能驚人！」意思是自己將親自出來整治國家政事，振興齊國。

針對齊國百官荒侈、政事不理的混亂局面，齊威王決心從刷新吏治「鳴」起。他頒佈命令，召集全國各地行政長官 72 人，對他們進行政績考核。其結果是賞了一人，殺了一人。賞的是被某些人說成表現不好的即墨大夫，殺的則是被某些人交口稱讚的阿大夫。

齊威王開始考政，他召來即墨大夫，對他說道：「自從你在即墨任官以來，詆謗、非難你的輿論每天都有。我不敢偏聽偏信，派人到即墨去，看到那裏田野一辟，農業發展，老百姓生活能夠自給；官府辦事效率也高，地方安寧，確是一派治理得很好的現象。」齊威王看了看一言不發的即墨大夫，繼續說道：「但是，反映到我這裏的情況卻與這些事實不一樣，這是怎麼回事呢？這正是你爲官正派，不賄賂我的左右，去追逐一己的聲譽所導致的。因此，我要重賞你，借此鼓勵那些埋頭做事且品性端正的官員。」於是，齊威王下令賞賜即墨大夫食邑萬家。

齊威王又召見了阿大夫。他面對一臉諂媚相的阿大夫說：「自你在阿地任官以來，我幾乎每天都能聽到讚譽你的言論。但是，我的使官視察阿的結果，則是一片田野不修、老百姓生活貧困的情形。往日，趙國攻我鄄邑，你擁兵坐視不救，衛國攻取我薛陵，你竟然連此事都不知道！」齊威王說到此處，怒目而視股栗不已的阿大夫，厲聲分析下去：「然而，爲何我總是聽見讚譽你的言論呢？原來是你用心良苦，以錢財寶物賄賂我的左右，以換取一己私譽的結果！試問，你爲政不思修治，使得老百姓困苦不堪；爲官領兵不思戰守，視國家危難而不救，屍位取祿，敗壞政風，還站在這裏做什麼。」說完，齊威王將目光從大夫身上移開，掃視了一下殿內的大臣，聲色俱厲地說道:「我要依法治齊國，是非不能不辨，獎懲不能不明！」於是，當天就下令將行賄沽行的阿大夫，以及那批收受賄賂而歪曲事實的左右讒臣，一併烹了。

齊威王處在戰國中後期，這正是列國變法求治的歷史發展階段。爲了使齊國強盛起來，他採用循名責實推行法治的思想治理齊國，獎勵有政績的即墨大夫，懲治賄賂求榮的阿大夫，使齊國官員人人震懼，從而恪盡職守，不敢僞詐飾非，齊國因此大治。列國諸侯在此後長達 20 年的時間內，不敢向齊國進軍。

齊威王是個聰明人，更是個深通進退之法的經營者。

心得欄 ------------------------------------

----

66 把暫時的假退，作為策略性的讓步

策略性讓步的要旨是，原則仍要堅持，目標仍不放棄，但不可硬碰硬而徒惹禍患，而應暫退一步，在退的假像下尋找合適的時機。

西元前 180 年，西漢呂太后死去。當時，諸呂專權，想篡奪劉氏江山已很久了。

齊王劉肥看出了諸呂的野心，一待呂後安葬之後，他便召集心腹手下說：「奸人當道，國將危矣，我想起兵討逆，還望你們爲國出力。」

心腹手下沒有異議，劉肥立即寫信給劉氏諸侯王，控訴諸呂的罪行，並親自率兵攻打呂氏諸王。

劉肥起兵的消息傳到京師，相國呂產十分驚慌，他對呂祿說：「劉肥乃漢室宗親，他帶頭鬧事，恐怕其他劉氏諸王也不安穩，這件事該如何應對呢？」

呂祿說：「我們掌握朝政，執掌南軍、北軍，自不用怕劉肥了。以我之見，我們應該即刻發兵討伐，消滅劉肥，以絕其他劉氏諸王之念。」

漢朝元老重臣灌嬰被委任爲討伐劉肥的主帥，呂產、呂祿還當面對灌嬰許諾說：「你德高望重，戰無不克，朝廷命你出征，

相信一定滅掉逆賊。回師之日，朝廷會更加倚重於你，決不食言。」

灌嬰無奈領命，心中悶悶不樂。有人勸他不要掛帥，說：「劉氏乃高祖之後，他們看不慣諸呂所爲，怎能算逆賊呢？你此去無論成敗，都將背上助紂爲虐之名，應當力辭不就啊。」

灌嬰說：「諸呂勢大，如果我當面抗命，我死事小，誤國事大。他們改派他人，勢必有一場大的廝殺，而我卻可借機行事，消此巨禍。」

灌嬰作出積極備戰的樣子，諸呂都對他不疑。呂產的一位謀士擔心灌嬰不忠，於是他向呂產說：「灌嬰忠心漢室，爲人正直，他這樣痛快領命，不是很可疑嗎？萬一他中途有反，我們就被動了。」

呂產不以爲然，傲慢地說：「我們呂家權傾天下，識時務者是不會和我們做對的。灌嬰在朝日久，此中利害他自會知道，有何擔心呢？」

呂產的謀士說：「灌嬰一旦領兵在外，我們就控制不了他了，難保他不會生變。爲了安全起見，大人當派心腹之人征討才是。」

呂產自恃聰明，拒不接受謀士的勸告。

灌嬰率兵到達滎陽，傳命就地駐紮，不再前行。不知情的將領追問灌嬰原由，灌嬰以各種藉口搪塞。私底下，灌嬰召集心腹說：「諸呂存心篡漢，我們身爲漢家臣子，決不能聽命於他們。我現在將大軍引領在外，就是威懾諸呂，諸呂都是色厲內荏的小人之輩，有我們在，我想他們是不敢妄動的。」

灌嬰駐紮滎陽不動，諸呂果然慌亂起來，呂祿催促呂產謀變，呂產卻說：「灌嬰大軍在外，已是我們的敵人了，他這個人善於打仗，我們不是他的對手啊！現在形勢大變，於我不利，還是從長計議的好。」諸呂有了顧忌，灌嬰趁機加緊聯繫劉氏諸王，準備合力討伐諸呂。

他在給劉氏諸王的信中說：「諸呂不怕天譴，卻怕眼前的禍患，對他們只有合力同心加以討伐，才是救朝廷的惟一途徑。他們並不可怕，可怕的是我們對他們抱有幻想，心懷觀望。」

劉氏諸王深受觸動，暗中回應。與此同時，京師的太尉周勃和丞相陳平也聯起手來，在未央宮捕殺了呂產，繼而將呂氏家族一網打盡，安定了漢室江山。

雞蛋碰石頭的傻事，還是儘量不做的好；無望的抗爭，有時不如默默等待。留得青山在，不怕沒柴燒。把迫在眉睫的災禍消除，將來才能擔起更大的責任。

心得欄 ----------------------------------

----

67 假退真做，暢通無阻

有的時候「假退」只是一種策略、手段，一種權宜之計，有的時候假退卻要真「做」，因爲只有真「做」才能讓人信服，才能疏通進路與退路上的淤積物。

南北朝時的蘇綽就是一位以深邃的見識和博大的胸懷把「後退」假戲做真。

西魏的大臣宇文泰掌握朝廷大權，文帝元寶炬只是個傀儡。

宇文泰聰明能幹，文武皆備，西魏在他的主持下國勢強盛。有人爲了邀功請賞，於是吹捧宇文泰說：「大人功德無量，蒼生受益無窮，應該順應天命，承繼大統。如此名實一體，方不負百姓厚望。」

宇文泰見他鼓動自己登上帝位，心中有喜，表面卻說：「天子當有天子之福，我自知德才不具，不敢有此一念啊。」

時任大行台左丞的蘇綽是宇文泰的心腹，一次，宇文泰對蘇綽說了有人勸他稱帝的事，蘇綽隨口說：「這是有人要置大人於死地，大人不該聽從。」

宇文泰一笑道：「我在魏國說一不二，誰還能治我的罪呢？皇上也得看我的眼色行事。」

蘇綽見宇文泰野心顯露，心頭一沉，他規勸說：「大人既有皇帝之實，自不必冒天下之大不韙，做那篡逆之事。大人深受國恩，當思報效，否則，天下人便會認爲大人忘恩負義，趁人之危，如此天下難安。」

宇文泰被蘇綽說中了心事，心頭一緊，他急忙掩飾道：「這全是小人的蠱惑之言，我並沒有聽信，你何必當真呢？」

蘇綽爲了打消宇文泰的野心，進一步分析了時局，他說：「我國外有強敵在側，內有百廢待興，大人此刻更該以仁恕待人，方能永保權位不失。如今皇上雖弱，但民心依然向著皇上；大人雖權高位重，但堵不住悠悠眾口。現在有人遊說大人，他們是不明大義啊。」

宇文泰反覆思量，終覺蘇綽說得有理，於是放棄了邪念。

蘇綽給宇文泰「退」的建議是十分高明的：退讓一步是假，收攬人心是真，通過所謂的真「做」，把收攬人心、鞏固權力的目的落到實處。

蘇綽協助宇文泰治理西魏，進行了許多變革，遭到了許多人的不滿。他們聯合起來反對他，給他加了不少罪名。

宇文泰相信蘇綽的爲人，對所有人的控告不加理會，他對蘇綽說：「我是信任你的，你如果想懲治他們，我一定爲你出氣。」

蘇綽開口道：「變革舉步維艱，這是我早就預料到的，這個時候懲處反對我的人，只會使人心惶惶，發生動盪。我請求寬恕他們。」

宇文泰搖頭說：「你太仁慈了，這只能讓他們越鬧越歡，增加對你的誣陷，你甘心這樣嗎？」

蘇綽平聲道：「我以仁恕之心待人，不是向他們示弱，而是想感化他們啊。我就是想讓他們知道，我絕不是爲了個人的私利而爲難他們，我這樣做是爲了朝廷的長治久安。」

蘇綽沒有任何報復舉動，大出反對他的人的意料。時間一長，這些人相信蘇綽此舉不是假做，遂生愧疚之心。

一天，一位反對蘇綽最強烈的大臣拜見蘇綽，對他說：「你不和我們計較，可見你大人大量，難道你真的不記恨我們嗎？」

蘇綽道：「我非聖賢，生氣總是有的。不過我能寬恕你們，也是爲了我自己。」

大臣連連賠罪，不解地問：「你太客氣了，你給我們恩典，如何是爲了自己呢？」

蘇綽誠懇地說：「我報復你們，你們必記恨在心，尋機洩忿，如此冤冤相報，無盡無休，只能是兩敗俱傷。我現在得勢，你們奈何不了我，一旦我失勢，你們還會饒了我嗎？眼下我們不結仇怨，我也沒有擔驚受怕的那一天了。」

大臣聽完更受感動，他對其他大臣說：「蘇綽有心寬恕我們，卻毫不居功，他這樣大仁大義，難道我們還要和他作對嗎？」

反對蘇綽的人一時紛紛反正，成了蘇綽的堅定支持者。

寬恕他人是一種退讓的方式，也許這種寬恕不是發自內心的（就像蘇綽所聲稱的那樣，因此我們名之曰「假退」），但以其散發出的人格魅力和博大胸懷而爲人折服，從而爲自己排除各種障礙。

68 經營者要有不到火候不揭鍋的城府

火候不到硬揭鍋，揭開的只能是一鍋夾生飯。火候的把握，對於廚師是考驗廚技的關鍵，對於經營者也是考驗進退水準的關鍵。

「緩稱王」作爲朱元璋「高築牆、廣積糧、緩稱王」大戰略的最後一個環節，實際上也是最重要的一個環節。

當朱升提出「緩稱王」時，主要的幾路起義軍和較大的諸侯割據勢力中，除四川明玉珍、浙東方國珍外，其餘的領袖皆已稱王、稱帝。最早的徐壽輝，在彭瑩玉等人的擁立下，於元至正十一年稱帝，國號天完。張士誠於元至正十三年自稱誠王，國號大周。劉福通因韓山童被害，韓林兒下落不明之故，起兵數年未立「天子」，到元至正二十年徐壽輝被部下陳友諒所殺，陳友諒自立爲帝，國號大漢。四川明玉珍聞訊，也自立爲隴蜀王，一時間，九州大地，「王」、「帝」俯拾皆是。

此時只有朱元璋依然十分冷靜。他明白「誰笑在最後，誰才是真正的勝利者」這個道理。所以，他堅定地採納「緩稱王」的建議。朱元璋成爲一路起義軍的領袖，始終不爲「王」、「帝」所動，直到元至二十四年朱元璋才稱爲吳王。至於稱帝，那已是元至正二十八年的事情了。此時，天下局勢已明朗，也就是說，朱元璋即便不稱帝，也快是事實上的「帝」了。

與其他各路起義軍迫不及待地稱王的做法相比較，朱元璋的「緩稱王」之戰略不可謂不高明。「緩稱王」的根本目的，就在於最大限度地減少己方獨立反元的政治色彩，從而最大限度地降低元朝對自己的關注程度，避免或大大減少過早與元軍主力和強勁諸侯軍隊決戰的可能。這樣一來，朱元璋就更有利地保存實力、積蓄力量，從而求得穩步發展了。

要知道，在天下大亂的封建朝代，起兵割據並不意味著與中央朝廷勢不兩立，不共戴天。但一旦冒出個什麼王或帝，打出個什麼國號，那就標誌著這股勢力與中央分庭抗禮了。因此那裏有什麼王或帝，朝廷必定要派大軍前去鎮壓。徐壽輝稱帝的第二年，元朝大軍就對天完政權發起大規模的進攻。同樣的道理，張士誠、劉福通等人，莫不爲元軍圍攻。

相比之下，只有尙未稱帝的朱元璋，一直到大舉北伐南征前，都未受到元軍主力進攻。原因之一，是朱元璋週圍有徐壽輝(後爲陳友諒)、小明王、張士誠勢力的護衛，元軍要進攻朱元璋，必須首先超過他們佔據的地域。但這也不是絕對的，元軍曾進攻過張士誠的六合，距離應天只有五六十公里，元軍可以到六合，當然可以到應天，否則朱元璋也就不會慌慌張張地派兵救援六合了。原因之二，是元璋在稱帝之前，一直「忍辱負重」，隸屬於小明王的宋政權。當時天下稱帝有三四個，處於搖搖欲墜中的元朝根本顧不上朱元璋這一類附於某一政權下的力量。而朱元璋正是抓住了這一有利契機，加緊擴大地盤，壯大力量，最後終於成收拾殘局的主宰者。

「緩稱王」還避免了過多地刺激個別強大的割據政權。元末雖亂，但到最「冠軍」只能有一個。從這個意義講，任何一個割據政權都是皇權路上的競爭者。因此，割據政權除要與朝廷鬥爭外，相互之間還有「競爭」，這種「競爭」實際上是血腥的相互殘殺。正因爲朱元璋「緩稱王」，不但避免捲入這種殘殺，而且借屬於小明王的宋政權，一方面討得宋政權的歡心，另一方面，也得到了宋政權庇護，可謂一箭雙雕。

「緩稱王」關鍵在一個「緩」上。一旦時機成熟，朱元璋就當仁不讓了。元至正二十四年，軍事形勢對朱元璋集團十分有利，北面的宋政權已經名存實亡了，即便與朱反目，也不足爲慮；東面的張士誠已成爲驚弓之鳥，再成不了什麼大的氣候；四川的明玉珍安於現狀，沒有遠圖，對朱元璋集團構不成大的威脅；而元軍在與宋軍的決戰中大傷元氣，且又陷入內戰之中，已無力南進。在這樣的大好形勢下，朱元璋憑藉自己的強大的軍隊和廣闊的地盤，不失時機地公開表明自己的政治主張，自立爲王，對業已開始的統一戰爭無疑是一個巨大的促進。

朱元璋退得穩，藏得深，可謂胸有城府。朱元璋有城府，劉邦、曹操、趙匡胤有城府，胸有經天緯地之韜略的經營者都有城府，任你一個經營者只要不斷磨煉「火候」的技巧，都能擁有成事有餘的城府。

一個人一旦高高在上，便總喜歡以強者自居，那怕週邊的環境已不允許他這樣做，那怕他自己也已意識到「退後一步」的重要性。但是沒有負重的肩膀，沒有從容的心態，也就只能坐視敗局的展現而徒喚奈何了。

南北朝時，東魏大權被渤海王高澄執掌，東魏皇帝孝靜帝完全被架空了。孝靜帝文武雙全，很有頭腦，他不甘心做個傀儡，時刻準備奪回大權。

常侍荀濟知道孝靜帝的心思，於是鼓動他說：「陛下有九五之尊，卻爲奸賊所制，是可忍孰不可忍啊！臣雖無才，但決心保君報國，爲國除奸。」

孝靜帝大喜，拉住荀濟的手說：「朝中遍佈奸黨，似你忠心爲國的實在不多了。你如此忠心，朕他日決不負你！」

荀濟於是暗中聯絡忠於魏室的大臣，準備和高澄誓死一搏。

荀濟首先找到華山王元大器，一番談話之後，元大器慨然應允，加入了孝靜帝的陣營。

當荀濟拜見大臣元瑾時，元瑾卻表示反對，他說：「現在強弱易手，皇上雖尊貴無比，但實際上已形同囚犯，這種情況下，皇上應該忍耐屈尊，靜待良機。如果皇上還想以皇上威嚴發號施令，那麼就大錯特錯了，我敢斷定，事情是不會成功的。」

荀濟斥責元瑾說：「皇上還在皇位之上，難到要等奸臣篡位才動手嗎？你這樣拖三阻四，分明是附逆怕死，你對得起皇上的大恩嗎？」

元瑾伏地大哭，口道：「我不是怕死，我是怕皇上意氣用事，反爲奸人所害啊！我要面見皇上，如果皇上心意已決，那麼我只能以死相隨。」

元瑾暗中和孝靜帝相見，孝靜帝憤怒地列舉了高澄的罪狀，情緒十分激動。

元瑾默默聽完，哀聲說：「皇上的不幸，臣豈能不知？不過朝廷上下已盡被高澄所掌，皇上還是不要貿然輕動。以臣看來，皇上時下最要緊的是向高澄示好，屈尊結納，這樣既可穩住高澄，又可有足夠時日準備反擊。」

孝靜帝經元瑾苦勸，終於同意暫時按兵不動。

高澄命黃門侍郎崔季舒監視孝靜帝的一舉一動，孝靜帝一見到崔季舒，就恨得七竅生煙。

孝靜帝幾次痛罵崔季舒，元瑾都擔驚受怕，他勸孝靜帝說：「現在陛下如同困龍，爲保萬全，當忘記天子尊榮，和小人虛與委蛇。崔季舒雖是高澄的一條走狗，但他向高澄通風報信，這樣的人還是不要激怒爲好。」

一次，高澄陪孝靜帝喝酒，他全不把孝靜帝放在眼裏，硬是逼迫孝靜帝連飲。孝靜帝無法忍受，怒聲說：「你如此無禮，難道不怕天譴嗎？自古沒有不滅亡的國家，朕爲什麼非要低聲下氣地苟活呢？」

高澄兇相畢露，他讓崔季舒連打孝靜帝三拳，揚長而去。

孝靜帝再也無法平靜下來，他急召元大器、元瑾等人，哭著說：「朕生不如死，誓不能任賊欺淩了。你們如果忠心於朕，請速速動手滅賊。」

元瑾又勸道：「陛下蒙羞，臣等願死。只是時機未到，形勢未改，勝算不大啊。」

孝靜帝完全不聽他勸，只道：「朕貴爲天子，當有上天護佑，朕早不該委身侍賊了！」

元瑾無奈，只好領命行事。他和元大器等人以造假山爲名，在宮中挖掘通向高澄住處的地道。很快，他們的密謀被人察覺，報告給了高澄。高澄率兵入宮，把孝靜帝軟禁在含章堂；元大器、元瑾等人被用鼎煮殺。

孝靜帝完全失去了自由，至此方有悔意，他痛哭流涕地說：「我逞強好能，不聽元瑾規勸，我是把皇帝的名號看得太重了。我不該草率行事，讓元瑾等人白白喪命啊！」

尊榮不可讓人飄飄然，也不可使人無謙卑之心，只有一切從實際出發，能進能退，尤其能爲實進而佯退，行事才能得體而無害。

69 狡兔三窟可保退路無虞

狡兔三窟本來是兔子在生存過程中爲了對付天敵而自然形成的一種本能之術。說的是狡猾的兔子往往有好幾個藏身的洞穴，以便於逃避災禍。

將狡兔三窟之術運用於社會生活的，當首推馮諼。馮諼，又稱作馮援，戰國時齊國貴族孟嘗君門下的食客。此人雖無顯赫功名，但見識深遠，謀事有方，是位智慧過人的奇才。馮諼衣食無著，投奔於權門之下時，本來胸有奇才，但並不自誇自詡，相反，卻自稱「無好」、「無能」。結果，被孟嘗君家的傭人將他列入最低等的門客，給他粗劣的飲食。馮諼不服氣，幾次發牢騷。於是，孟嘗君把他從下等客升到中等客，又從中等客升到上等門客。受到器重後，馮諼決計報效孟嘗君。

一次，馮諼自告奮勇要求到孟嘗君家的封地薛城爲其收債。到了薛城，馮諼不但沒有催逼百姓們還債，還以孟嘗君的名義把帶去的債券當著債戶的面全部燒了。老百姓歡呼雀躍。馮諼空手而歸，一大早求見孟嘗君。孟嘗君見他如此快就回來了，很是奇怪，問馮諼收到債後買些什麼回來了。馮諼回答道：「你說讓『買你家缺少的』，我考慮後覺得你家什麼都不缺，惟一缺的是『義』，我就爲你買了『義』。」孟嘗君聽後心裏很不高興，但爲了照顧面子，沒有說什麼。一年後，齊閔王聽信讒言，免去了孟嘗君的相國職務。孟嘗君只好回到自己的封邑薛。沒想到，薛城的老百姓扶老攜幼，到半道來迎接他。望著歡迎的人群，孟嘗君才恍然大悟，對馮諼說，先生爲我買的「義」，今天才真正看到了。這時馮諼又進言：「狡兔有三窟，才能倖免於死。如今公子僅有一窟，還不能高枕而臥，請讓我爲您再營兩窟。」孟嘗君聽後一陣驚詫。馮諼接著說：「請公子借我高車使用數日，我要讓齊王在不遠的將來，重新任公子爲相。」

當時，孟嘗君在列國中的聲望較高，各國爲了爭雄天下，都渴望人才歸附。馮諼就帶車 50 乘，金 500 斤，去魏都大樑遊說梁惠王，說齊國放逐大臣孟嘗君到各諸侯國去，誰先得到他，誰就能富國強兵霸天下。梁惠王立即把原來的宰相調去任大將軍，派使者帶黃金千斤、車百乘，前往聘請孟嘗君到魏任宰相。馮諼又先行一步趕回來告訴孟嘗君，要他含蓄推辭，以讓齊閔王知道此事。

孟嘗君依計，梁惠王的使者跑了幾趟，也未應允。齊閔王果然得知了梁惠王重金聘用孟嘗君的事，大臣們也很驚恐，害怕孟嘗君爲他人所用對齊國不利。於是，齊閔王再次起用孟嘗君。這時，馮諼又給孟嘗君出主意，要他請齊閔王用先王傳下來的祭器，在薛建立宗廟，這樣可以進一步鞏固孟嘗君的政治地位。宗廟修成後，馮諼告訴孟嘗君，三個窟都建好了，你可以高枕無憂了。本來落泊不遇的孟嘗君，因馮諼的「狡兔三窟」之術，複握相國大權，聲威更加赫赫。

從馮諼爲孟嘗君智營三窟，可以看出，狡兔三窟主要是爲了應付多變的政治風雲而採用的權術。它啓發人們處事要圓滑、世故，事不可做絕，多留條退路。從這個意義上說，該述帶有較大的貶義性質。然而，狡兔三窟也包含著多手準備，有備無患，留有餘地，以防意外等意，這在政治、經濟乃至整個社會生活中，則是有積極意義的。

心得欄 ------------------------------------

----

70 下大力氣把障眼法演繹到極致

中國人的統治經驗在世界上可以說是遙遙領先的，這是因爲中國立國久遠，且歷史上中國人治國又以「治人」爲主，所以每朝每代都積累了豐富的歷史經驗。比如欲擒故縱之術就是常用常新的領導技巧，這一招法的要點是把「故縱」這一點做得巧妙。只有這個障眼法演繹到極致，「欲擒」這出好戲才能功德圓滿。

大概最早能夠成功運用障眼之術的是春秋時期的鄭莊公。《春秋》在記載這件事的時候第一句話就說：「鄭伯克段於鄢」，極其明確地確定了這件事的社會倫理方面的性質。鄭伯是指鄭莊公；段是指鄭莊公的胞弟共叔段；鄢是地名。在這句話裏，最有學問的用字是克，本來君主殺臣下用「征」、「伐」、「討」、「誅」等字均可，惟有這「克」字，既表現了平等對敵，又表現出高明的手段，鄭莊公本可光明正大地討伐他的弟弟，但他卻陰設陷阱，沽名釣譽！這個「克」字的運用也就體現了人們常說的微言大義的「春秋筆法」。不過，在春秋時期，週期以來的禮樂制度遭到了破壞，傳統的道德也遭到了踐踏，即所謂的「禮崩樂壞」。

《春秋》作者創「春秋筆法」，試圖挽狂瀾於既倒，也可見其用心的良苦。必須指出的是，「鄭伯克段於鄢」是春秋時期的著名歷史事件，也是《左傳》中最爲著名的篇章之一，由於《左傳》細緻傳神的記載，這一歷史事件就變得更加著名起來了。鄭莊公就是爲幽王抵抗犬戎戰死的大將鄭伯友的孫子，是帶兵爲父報仇、打退犬戎的鄭武公掘突的兒子，可以說，莊公的爺爺和爸爸對周天王都有很大的功勞。鄭莊公共兄弟倆，自己的名字叫寤生，弟弟的名字叫段。寤生出生的時候難產，使母親姜氏受驚，從此就不喜歡寤生，而段則長得一表人材，人也聰明，所以姜氏非常喜歡他。姜氏不斷地在丈夫鄭武公面前誇獎小兒子，希望將來把王位傳給他。這樣，寤生和母親之間就有了隔閡。不過鄭武公還算明白，沒有同意姜氏的請求，最後還是把王位傳給大兒子，寤生即位，就是鄭莊公，並接替父親的職位，在周朝當了卿士。姜氏看見自己的小兒子沒有當上國君，心裏很不舒服，就去爲段要封地。姜氏很有心計，要求莊公把「制」這座城封給段，莊公告訴姜氏，「制」是鄭國最爲險要的城池，有著極其重要的戰略地位，虢國的國君就是死在那裏。況且父親說過，「制」這個地方誰也不能封。姜氏見說不過莊公，就又請求把京城封給段。京城在現在河南省的成皋縣附近，對當時的鄭國來說，也是一座比較重要的大城，所以莊公當時仍然猶豫不決。在姜氏的一再督促下，莊公才把京城封給了他。

在段要離開都城前往封地的時候，先向母親告別，段倒是沒有什麼想法，但姜氏心裏明白，這兄弟倆恐怕不會融洽相處，遲早會火拼。姜氏的感情傾向當然在小兒子段這一邊，想提醒他早作準備。她對段說，莊公本不願封他，只是在自己的一再要求下才把京城封給了他，雖然封了，但遲早會出事，一定要先操練好兵馬，做好準備，有機會就來個裏應外合，推翻莊公，讓段繼承王位。段到了京城，稱作京城太叔。段被封至京城，本來莊公的臣下就十分焦慮不安，段在京城的所作所爲，就更讓那些人惶恐。首先，太叔段緊鑼密鼓地招兵買馬，擴充軍隊，嚴加訓練，並經常行軍打獵；其次是大修城牆，既擴大又加高加厚。

一天，鄭莊公的一位最重要的大臣祭仲對鄭莊公說：「大城的城牆不得超過國都城牆的三分之一，中等城鎮的城牆不得超過國都城牆的五分之一，小城鎮的城牆不得超過國都城牆的十分之一。這是祖宗留下來的規矩，可如今京城太叔擴大了他的城牆，使之遠遠超過了這一限制，那就很難控制了，這恐怕是國君不能忍受的。」鄭莊公心裏明白，可嘴上卻說，太叔是爲國家操練兵馬，爲國家建造防禦工事，有什麼不好？況且母親要他這樣做，自己就是想管也不好管呀！雖然大臣們私下裏都說莊公器量大，爲人厚道，但都又暗暗地替莊公著急，他們就公推祭仲去勸說莊公。祭仲對莊公說，姜氏是貪得無厭的，不如早早地定下主意，替她找個地方，安排她一下。不要再讓太叔的勢力繼續發展了，如果繼續發展下去，恐怕就很難收拾了。蔓延的野草都很難剷除，何況是國君的寵弟呢？

鄭莊公終於吐露了心裏的話，他對祭仲說：「多行不義必自斃，子姑待之。」意思是說不符合道義的事幹多了必然會自取滅亡，您就安心地等著吧。這句話把鄭莊公的性格暴露無遺。

過了不久，太叔段讓西部邊境和北部邊境的城鎮暗地裏投靠自己，但表面上還是聽從鄭莊公的管轄。公子呂聽到了這個消息，趕緊跑去對鄭莊公說：「國家是不能分成兩個部份，不能有兩個君主的，您對太叔打算怎麼辦呢？您如果打算把國家讓給太叔，就請允許我去奉事他，給他做臣子算了，如果不願把國家讓給太叔，那就趕快把他除掉，可不要讓老百姓生出二心來啊！如果百姓歸附了太叔，那可就難辦了。」

鄭莊公卻十分沉著地對公子呂說：「您不用閑操這些心，太叔段是會自己給自己找麻煩的。」又過了一段時間，太叔段乾脆明目張膽地把西部和北部邊境的城鎮劃歸己有，其勢力範圍一直擴大到稟延這個地方。子封感到很驚慌，急忙跑去對莊公說：「我們可以行動了，如果再任他吞併城鎮和土地，那就會佔有人口，更加擴大勢力，可就難於對付了。」莊公仍是不動聲色地說「做不義的事情，得不到人民的擁護，越是土廣人多，就越是滅亡得快。」

太叔段終於修治好了城郭，結集完了百姓，修整好了刀槍等戰爭用具，準備好了步兵和兵車。而在這個時候，鄭莊公偏偏到周天王那裏去辦事，不在鄭國的都城。姜氏認為這是絕好的機會，就寫信告訴太叔她將偷偷地打開城門，作爲內應，並約定好了日期。太叔接到了姜氏的信，一面寫回信，一面對部下士兵說是奉命到都城去辦事，發動了步兵和兵車。

其實，鄭莊公一切都準備好了。他並非到洛陽周天王那裏去辦事，而是偷偷地繞了個彎帶了 200 輛兵車到京城裏來了。莊公還派公子呂埋伏在太叔的信使所必須經過的道路上，截獲了太叔寫給姜氏的回信。這樣，鄭莊公就完全掌握了主動權。

太叔剛帶兵出發兩天，鄭莊公和公子呂就來到京城外，公子呂先派了一些士兵扮成買賣人的模樣混進城去，瞅準時機在城門樓上放火，公子呂看見火光，立刻帶兵打進城去，一舉攻佔了京城。太叔出兵不到兩天，就聽到京城失守，十分驚慌，連夜返回，但士兵已經聽說太叔是讓他們去攻打國君，就亂哄哄地跑了近一半人。太叔見人心已不可用，京城是無法奪回來了，只好逃到鄢這個小城，在這裏又吃了敗仗，就又逃到共城這個更小的地方。鄭莊公和公子呂兩路大軍一夾攻，一下子就把共城攻下來。太叔走投無路，最後只好自殺了。

在中國歷史上似乎沒有那一個君王敢公然扯起反對仁義道德、崇尚虛僞奸詐的旗子，連被稱爲「奸雄」的曹操，也未敢貿然做皇帝，只是「挾天子以令諸侯」而已，說明他還是懼怕道德和正統輿論的力量。於是，障眼法的退讓技巧就成了他們的法寶，他們既不擇手段地達到了目的，又樹立了無可非議的道德形象。

心得欄 ------------------------------

----

71 善施麻醉藥假意退讓

麻醉，是一個醫學術語，意思是通過施用藥物，使有機體失去正常的反應能力。麻醉，在社會生活中也有著廣泛的應用價值。生活就是競爭、就是拼搏。社會競爭，往往有這種情況，爲了發展自己，需要躲過競爭對手警惕的目光，需要對手陷入某種錯覺。這時，施用麻醉術，往往可以收到事半功倍的效果。

戰國時期，李牧是趙國守備北疆的良將。在據守雁門關，防備匈奴進犯的過程中，他不請示朝廷，自行設置地方官吏，所收的租賦都交給幕府，作爲邊關軍隊的費用。每日殺牛給士卒吃，教他們騎馬射箭，謹慎看守烽火臺。他對士卒們說：「匈奴就是強盜，突然過來是爲了搶奪財寶，我們把財物都保存好，他們就會一無所獲。誰也不要去主動捉人，誰去，立即斬首。」

如此持續了好幾年，匈奴以爲李牧太膽怯，即使是趙國的守邊士卒，也覺得自己的將軍膽子小。趙王責備李牧，李牧不聽，還照老樣子幹。大怒之下，趙王把李牧召回，另外派一個人接替李牧的職務。一年多的時間裏，匈奴每次來搶財物，邊軍都出戰，接連失利，士卒損失很大，邊境一帶無法種田放牧。於是，又請李牧出山。李牧固執地說自己有病，不能勝任，趙王強迫他出任。李牧說：「如果非要用我作邊關之將，那就得照我以前的辦法幹。否則，我不能奉命。」趙王表示同意。

李牧重任邊關守將，一切做法均和以前一樣，匈奴一年到頭搶不到什麼東西，但始終以爲李牧是膽小怕事的人。邊關將士每日得賞賜，但又不能打仗，紛紛要求與匈奴決一死戰。李牧見時機已至，便準備戰車 1300 乘，挑選騎士 13000 名，擁有 400 金軍費的士兵有 5 萬人，擁有 400 石穀的軍士有 10 萬人。李牧命令他們練習打仗，大搞畜牧，人民富饒遍於四野。匈奴小民祥兆率領數千百姓來投靠趙國。單於聽說後，率大軍來攻。李牧巧設奇陣，指揮左右兩翼軍隊發起攻擊，把單於 10 萬多人馬打得潰不成軍，單於嚇得逃命而去。此後 10 多年，匈奴再也不敢進犯邊關。

又載，宋太祖聽說南唐皇帝酷愛佛法，就選了有才華的少年和尙，渡過長江去見唐帝，談論性命的學說，唐帝稱之爲一佛出世。從此，對治國守疆的事就不怎麼留心了。

李牧和宋太祖採用的是同一個心術。李牧苦心經營許多年，就是想給自己樹立一個虛假的形象，即膽小鬼的形象，通過這一形象，使敵人放鬆戒備，失去警惕，驕傲自大，直至草率行動；而自己則秣馬厲兵，待機而動，最終取得了根本性的勝利。宋太祖派少年和尙，以佛法遊說南唐皇帝，實際是給南唐皇帝注射了一支麻醉劑。靠著這藥物的作用，南唐皇帝的那根邊防神經麻痹了，從而爲宋太祖向南用兵提供了可乘之機。

說到麻醉術，不能不提粗中有細的猛張飛。張飛是以嗜酒成性而著稱的，這是他的一大弱點，經常因酒誤事。但這弱點也給他幫了大忙。在兩軍陣前，張飛經常利用自己逢酒必喝，喝酒必醉，醉必打人罵人的形象，麻痹敵人的警惕神經，誘使其上當受騙。張飛在巴西一帶戰敗張郃之後，乘勝追擊，一直趕到宕渠山下。張郃利用有利的地勢據山守寨，堅持不出，五十餘日，相持不下。張飛見狀，就在山前紮下大寨，每日飲酒，飲至大醉，坐於山前辱罵。劉備得知後，大驚失色，急忙找孔明商議。孔明不但不驚慌，反而立即派魏延送去三車好酒，還在車上插著「軍前公用美酒」的大旗，張飛得到美酒後，不但自己嗜酒無度，還把美酒擺在帳前，「令軍士大張旗鼓而飲。」

張郃在山上見此情景，以爲張飛大寨全變成了醉鬼的天下，再也按捺不住殺敵的心情，便帶兵乘夜下山，直襲蜀營。當他殺到張飛的大寨時，見帳中端坐一位大漢，舉槍就刺，誰知竟是一個假張飛——草人！等他知道中了張飛的埋伏時，已經晚了，結果被打得大敗。

看了李牧、趙匡胤、張飛等人的表演，你會發現原來一個退字裏面還有這麼多的學問，所謂法無常法、「退無常退」，通過退來豐富個人的領導修養也算一個捷徑吧。

心得欄 ------------------------------

----

72 以攻易守是一種積極的防守智慧

以攻爲守是指用主動進攻的手段以防止對手來犯的策略。面對危機的來臨，運用以攻爲守的策略，不失爲一種積極的退保策略。以攻爲守在軍事上的運用十分廣泛。

西元 215 年 8 月，孫權乘曹操擁兵西北，率軍 10 餘萬人進攻合肥。曹操派張遼率領 7000 餘人駐守合肥，抗禦吳軍的進犯。在敵眾我寡的情況下，張遼不畏強敵，不消極防禦，而是以攻爲守。當敵軍雲集合肥立足未穩之時，張遼親自率領 800 精兵，出擊騷擾吳軍，挫敗了吳軍的銳氣，然後便固守城門。吳軍圍攻 10 多天，始終無法破城，便開始撤退，張遼見勢，立即出城追擊，大敗吳軍於逍遙津。

西元 757 年 1 月，安祿山之子安慶緒令手下將領尹子奇，率軍 13 萬進攻江淮重鎮睢陽。張巡率領 3000 官兵自寧陵進入睢陽，與許遠合軍抗擊安慶緒的兵馬。安軍逼近城郊後，張巡用以攻爲守的策略，與許遠率軍主動出擊，連續苦戰 60 天，殲敵 2 萬多人，粉碎了安慶緒的第一次圍攻。3 月底，尹子奇又率軍圍攻睢陽，張巡堅持以攻爲守的辦法，迎擊來犯之敵，多次率軍出擊，再次粉碎了安軍的圍攻。

西元 1259 年 11 月，蒙古將領兀良哈台奉蒙哥汗之命，率軍攻破橫山，隨後乘勝入靜江府，直指潭州。蒙古軍擊敗宋軍的阻擊後，兵圍潭州城。守潭州城的宋將向士壁一面激勵將士們閉城固守，嚴防蒙古軍的攻城行動；另一方面，主動出兵打擊敵人，派王輔率 500 精兵襲擊蒙古軍的後續部隊，切斷其後援。此時又趕上蒙哥汗駕崩，蒙古軍只好撤兵而去。

西元 1644 年，東路清軍從孟津渡過黃河，打敗了洛陽、陝州、靈寶等地大順農民軍的阻擊，進逼潼關。次年 1月，大順軍抗清前鋒被壓回，全部退守潼關防禦敵軍。清軍企圖一舉消滅農民軍，對潼關發起猛攻。李自成也以攻爲守，在潼關週邊挖掘深濠，構築壁壘阻擊清軍，給清軍以巨大殺傷，有效地阻止了東路清軍的進攻。後來由於清西路軍入綏德、佔延安，直出西安，大順軍腹背受敵，才不得不放棄潼關西撤。

「我以退爲守，則守不足；我以攻爲守，則守有餘。」在臨危應變中，以攻爲守，主動出擊，能改變被動挨打的局面，變受制於人爲制於人。

心得欄 ------------------------------

----

73 靜觀其變是應變良方

當局勢有變，不管進與退，盲目的行動都可能導致消極的後果，這時靜觀其變才是應變的良方。古人所說的隔岸觀火正是對這一策略的妙用。

隔岸觀火的字面意思是，對岸失火，隔著河觀望。引申意是比喻對別人的危難不加援救，而在一旁看熱鬧，或指因爲同自己沒有切身利益關係，因而不去管它。然而，從發展的眼光看，彼岸失火也可能給此岸帶來些許影響，有時可能發生重大的利害關係。因此，當對岸失火時，不應事不關己，高高掛起，而應隔岸靜觀火勢走向，這才不失爲一種高明的領導決策策略。從這個意義上說，隔岸觀火也就是一種「坐山觀虎鬥」策略。

「坐山觀虎鬥」一語出自《戰國策・秦策二》:「有兩虎爭人而鬥者，管莊子將刺之，管與止之曰:『虎者，戾蟲，人者，甘餌也，今兩虎爭人而鬥，小者必死，大者必傷，子待虎傷而刺之,則是一舉而兼兩虎也,無刺一虎之勞,而有刺兩虎之名。』」

在多元化的競爭較量過程中，遇到兩強爭鬥，而雙方又同屬自己的競爭對手，則不妨採取「隔岸觀火」或「坐山觀虎鬥」的策略，待到雙方兩敗俱傷或一勝一傷之際，再分而治之，將其逐一擊敗。這樣，往往能以最小的代價，獲取巨大的成功。

隔岸觀火作爲敵戰計，許多政治家、軍事家運用這一計謀，爭取和獲得政治或軍事上的主動權。《三十六計》這樣解釋：敵人內部分裂、秩序混亂，我便等待他發生暴亂，那時敵人內部反目爲仇，勢必自行滅亡。我方應根據敵人的變動作好準備，以柔順的手段坐等愉快的結果。

《三國演義》記述了曹操在平定河北時，兩次使用「隔岸觀火」之謀，以小的代價換取到大的勝利。第一次是在袁紹得病身亡後，曹軍以破竹之勢攻佔了黎陽，很快便兵臨冀州城下。袁尙、袁譚、袁熙、高幹等人帶領四路人馬合力死守，曹操連日攻打不下。謀士郭嘉獻計說：「袁紹廢長立幼，而尙兄弟之間權力相並，各樹自黨，急之則相救，緩之則相爭；不如舉兵南向荆州，征討劉表，以候袁氏兄弟之變；變成而後擊之，可一舉而定也。」曹操聽從了郭嘉的計謀。果然，曹操一撤軍，長子袁譚爲奪繼承權，同袁尙大動干戈，互相殘殺起來。袁譚打不過袁尙，便派人向曹操求援，曹操乘機出兵北進，殺死了袁譚，打敗了袁尙和袁熙，很快佔領了河北。

第二次是平定河北之後，當時袁氏兄弟逃往遼東投奔了公孫康。夏侯惇等人對曹操進言：「遼東太守公孫康久不賓服，今袁熙、袁尙又往投之，必爲後患。不如乘其未動，速往征之，遼東可得也。」

曹操卻笑著說：「不煩諸公虎威。數日之後，公孫康自送二袁之首至矣。」

諸將當時將信將疑。沒過幾天，公孫康果然派人將袁熙和袁尚的首級送來了，眾將大驚，都佩服曹操料事如神。

曹操大笑說：「這也是郭嘉獻的隔岸觀火之計。」

原來，袁紹在世的時候，常有吞併遼東之心，公孫康對袁氏家族恨之入骨。這次袁氏二兄弟去投奔，公孫康存心想除掉他們，但又擔心曹操引軍攻打遼東，且想利用二人助一臂之力。當公孫康打聽到「曹公兵屯易州，並無下遼東之意」時，便立即將袁氏二兄弟斬首。曹操兵不血刃便達到了目的。

隔岸觀火或坐山觀虎鬥，其目的是收取漁翁之利。人們在闡釋「鷸蚌相爭，漁翁得利」的寓言時，往往是強調與人競爭較量時，不到萬不得已，不要作膠著僵持的對抗，以免雙方同處於被動地位，使第三者插手漁利。其實，這個寓言從另一側面反映出漁翁的高明。如果他分別去抓鷸撈蚌，可能一無所獲。然而，他靜待旁觀，當鷸啄蚌的肉，被蚌用殼夾住嘴巴，兩者爭執不下時，方才下手，結果一起抓獲，足見漁翁之精到之處。

經營者的小故事

亡羊補牢

從前，有個人養了一圈羊，他天天盼望羊兒長大賣錢，好給女兒買新衣裳。一天早上他準備出去放羊，卻發現少了一隻，原來羊圈破了個窟窿，附近山裏的狼從窟窿裏鑽進來，把羊兒叼走了。

鄰居勸告他說：「趕快把羊圈修一修，堵上那個窟窿吧！」

這個人沮喪地說：「羊都已經丟了，還修羊圈做什麼呢！」

他頑固地沒有接受鄰居的勸告。第二天早上，他到羊圈裏一看，發現又少了一隻羊。

原來嘗到了甜頭的狼又從窟窿裏鑽進來，把羊叼走了。

他很後悔，一想到如果再不接受鄰居的勸告將會失去更多的羊，就趕快堵上那個窟窿，把羊圈修補得結結實實。從此，他的羊再也沒被狼叼走了。

管理心得：既定的戰略如何適應不斷變化的現實，是任何企業必須予以關注的重大課題，從這個意義上來說，隨時進行戰略評價是企業發展必不可少的一環，此所謂「亡羊補牢，猶未為晚」。如果聽之任之，損失就會不斷增大。不管你制定企業戰略時考慮得多麼全面、週詳，由於市場環境瞬息萬變，你總會感到「變化大於計劃」。

心得欄 ------------------------------

----

74 冷處理能帶來熱效應

「一萬年太久，只爭朝夕。」意思是說應該爭分奪秒，奮力拼搏，加快事物的發展進程。「只爭朝夕」的精神，對於人們的事業和生活來說，無疑是難能可貴的。但是，生活就是富於戲劇色彩。它固然需要只爭朝夕，但必要的時候也需要拖延時間。

一位名叫趙豫的人，是松江太守。他做太守有一個有趣的成例，一旦發現告狀的人沒什麼急事，就說：「明天再來吧！」一開始，人們都覺好笑，因此有「松江太守明日來」的口頭語。但後來人們發現，趙豫的做法是很有道理的，那些告狀的人，剛來時，正在氣頭上，怒氣衝衝，臉紅脖子粗，可回去等待了一夜之後，怒氣便消解了大半，有的甚至乾脆再也沒有來。

趙豫的拖延術，起到了消解怒氣、穩定情緒的作用。人是理性的動物，同時，又有情感。就人的正常心理狀態而言，感情是服從理性支配的，但在特殊條件的作用下，諸如生理心理、外在刺激等，也可能使人大喜大怒，失去節制，做出無理性的、反常的、荒誕的事情。爲使人在失去控制的時候，不致做出後悔的事情，最好的辦法是讓他停止或拖延事情的進程，盡力不做事或少做事，讓緩緩流動的時間減緩感情的衝動，最終複歸於理智。這可謂拖延術的第一個功能。拖延的第二個功能，是贏得一定的時間，觀察瞭解有關情況，對行動的吉凶禍福、利弊得失做出比較穩妥的決策。

在五代十國的北周，尉遲迥是揚州總管，皇帝下詔讓韋孝寬取代他，同時又讓小司徒到長文做揚州刺史，並先讓司徒到長文到鄴城，韋孝寬隨後出發。到了朝歌，尉遲迥派他的大都督賀蘭貴攜書信問候韋孝寬，韋孝寬留下賀蘭貴攀談，以便觀察實情。通過說話，引起了疑心，估計尉遲迥那邊可能有變。於是，他自稱有病拖延進程，又假意派人到相州去求醫買藥，而他則秘密地伺機行動。到了湯陰地界，正好碰上長文逃命而歸，韋孝寬秘密查知司徒到長文奔歸的原因，確證了他的懷疑，於是也奔馳而歸。歸途所經過的橋道，他都命人拆毀，並將驛站的馬全帶上，簇擁跟隨自己。他還命令驛站的將士道：「蜀公(尉遲迥)快到了，要準備下美酒佳餚招待他。」尉遲迥果然派人追趕韋孝寬來了，驛站的將士們為他們提供豐盛的酒席，招待得十分週到，走一處停一處，因此，沒能趕上孝寬。

社會生活中，往往有這樣的現象，對行動的危險性已有清楚的認識，可迫於各種壓力又不能馬上停止行動。在這種情況下，為了避免危險，只有拖延。這是拖延術的第三個功能。

將軍竇憲內娶妻，郡國的人都紛紛前去賀喜。漢中太守也要派人前去，廣曹李邵不以為然。他說：「竇憲內這個人橫行霸道，用不了多久，就會有滅頂之災。您最好不要與他來往。」太守不聽勸告，執意要派人去。沒有辦法，李邵請求親自前住。李邵故意在途中的館舍停留，以便觀看竇憲內大禍臨頭。行走到扶風時，就聽說竇憲內被謀殺了。事後追查，凡與竇氏有交往的人都受到株連，惟有漢中太守得以倖免。

拖延術的最後一個功能，是把那些不情願做的事情「拖黃」，使之不了了之。生活是複雜的，有些事明顯不合理，不人道或根本錯誤，但礙了面子或權勢，又只能不情願地去做。在這種情況下，要想伸張正義、主持公道，堅持正確反對錯誤，便可以採取「拖延」的辦法。

歷史記載，東晉時期的權臣桓溫病勢沉重，請求朝廷給他加九錫(古代帝王爲尊禮大臣而賜給的九種器物，是一種很高榮譽的象徵)。謝安知道這個要求是沒道理的，但是又沒有辦法，爲此採取了拖延的辦法。他讓袁宏草擬奏文，奏文擬成以後，謝安看了一遍，就讓袁宏修改，一次又一次，總是這樣。因此，一篇奏文經過10天還未擬定。這時，桓溫死了，加九錫的事便不了了之。

明英宗在外地時，也先曾用車載著他的妹妹前來，請求將妹妹許配給英宗。皇上將這事和吳官童說了，問他該怎麼辦。

吳官童回答道：「那有天子作人家女婿的呢？歷史會怎麼說？不過若是拒絕他也辜負了他的一片好意。」

於是皇上哄騙也先說：「你的妹妹我當然是可以娶的，但不應該做那不合禮法而結合的夫妻。等朕返回中原以禮來聘娶她吧。」

也先又選美女數人要送英宗侍寢，英宗也推卻道：「留著美女，等來日做你妹妹的陪嫁侍女，我要一併讓他們做嬪妃。」

也先聽了，更加敬佩英宗。但最終此事卻不了了之。

天下事了猶未了，何妨以不了了之？激進的做法未必能產生令人滿意的效果，而冷處理卻可能帶給你意想不到的熱效應。

75 追求均衡是解決難題的法門

所謂「均衡」，也就是平衡戰略，它最早源於老子的樸素辯證法思想，他認爲：「天之道，其猶張弓乎，高者仰之，下者舉之。有餘者指之，不足者補之。」他還說：「曲則全，枉則直，清則盈，敝則新，少則得，多則惑，……夫惟不爭，故天下莫能與之爭。」這裏都是說「平」者生存，「不平」者淘汰。自然界中力學的公例也兩力平衡，才能穩定，水不平則流，人不平則鳴。懂得這個哲學道理的，就能在兩強的夾縫中生存下去，並求得發展(指弱者)，也能有效地控制兩弱，使之均臣服於我(指強者)。

春秋戰國時代，華夏列國相爭，齊、楚、韓、趙、魏、燕、秦等七強並立，而在大國夾縫中生存的有名無實的東周、西周，雖然握有象徵著天子的九鼎等寶物，卻無自衛的力量。於是，爲了生存的利益，他們執行了一條均衡外交的路線，即對東、西方強國在保持等距離的情況下，用比較靈活的外交手段，利用各國之間的利害衝突，竭力調整大國之間的力量平衡，從而維持相對穩定的戰略格局，以求得自己的生存和發展。

有一年，齊國的大將田嬰率領齊國的軍隊去幫助韓、魏兩國攻打楚國，打敗楚國後，又打算聯合韓、魏兩國去攻打秦國。因常年戰爭，力量消耗很大，就派使者去向西周借兵借糧。西周天子犯難了：不借兵糧給齊國，就會得罪了齊、韓、魏三國；如借兵糧給他們，勢必又會得罪強大的秦國。在這兩難之際，謀士韓慶自告奮勇地願去說服田嬰不向西周借糧。

韓慶到了田嬰的帥營，拜見了田嬰，對他說：「將軍您率領強大的齊軍，用了五年的時間，替韓、魏兩國攻下楚宛、葉以北的地區，而使這兩個國家的國力得到了加強；現在如果再攻佔了秦國的一些地區的話，那只會使韓、魏兩國的力量更加強盛。這樣一來，韓、魏兩國南面沒有楚國的憂患，西面不必擔憂秦國的攻擊。它們的國土擴大了，國家也日益受到了尊重；而齊國不僅勞民傷財，沒有得到一點實惠，反而會受到它們的輕視。末梢盛過了根幹，本末倒置，這就不合乎常情了，竊私下以為將軍感到不安。」

田嬰聽了，認為韓慶說得有些道理，便問道：「照先生的說法，我應該怎樣做才是呢？」

韓慶獻計道：「依在下愚見，將軍您不如讓您的國家暗中與秦國和好而不去攻打秦國，這樣您也就不必去向西周借兵借糧了。您可以兵臨函谷關而不去進攻秦國，然後派您的使者去對秦王說：『薛公（田嬰封地在薛，故又稱薛公）一定要出兵破秦而使韓、魏兩國強大，原因就是想要讓楚國把東周（楚國的地名）割讓給齊國啊。』秦王如果能放回楚王（此時楚懷王被扣留在秦國），而使秦、楚兩國和好，您就可以使您的國家有惠於秦國，而使秦國感到能夠完好無損，正是由於楚國割讓了東周，才使自己免遭到進攻，秦國必定願意這樣做。楚王被放回了楚國，也必定會感謝齊國。齊國得到了東周而更加強盛，將軍您的封地薛城也就可以世世代代沒有什麼憂患了。秦國沒有受到大的削弱，處在韓、魏、趙三國的西部，這樣，秦對這三個國家是個不大不小的威脅，這三個國家自然也不敢輕慢齊國了。」

田嬰說：「說的好，就照您的意見辦！」

於是，他派韓慶作爲自己的使者去遊說秦王，還說服了韓、魏、趙三國不再去進攻秦國，這樣，齊國最後自然也就不必向西周借兵借糧了。

聰明的韓慶不僅善於就各方的具體矛盾來思考問題，而且還是設身處地地爲齊國及薛公本身的利益著想，他的設想對齊來說，又是一個均衡外交的戰略，這是大國強國的等距離外交，即既不弱秦強韓、魏；又不弱韓、魏而強秦，使得這三者或五者(秦、韓、魏、趙、楚)均有求於齊，這種戰略佈局自然爲田嬰欣然接受。齊、秦弭兵，齊向西周借兵借糧這件事自然也就不用提及了。

韓慶此著的高明之處，就在於跳出了形式邏輯中兩難推理的狹隘局限，求得了一個全新的解決辦法，從而挽救了僵局，走活了全盤。

這個以糊塗之道追求平衡的進退之法聰明至極，頗有耐人尋味之處。

經營者的小故事

拉　車

鯉魚、蝦和天鵝是十分要好的朋友，有一次它們一起出去遊玩，回來的路上發現了一輛車，上面裝滿了好吃的東西，鯉魚說:「我們都餓了，要不先吃點車上的東西，然後等車的主人來吧！」

天鵝點了點頭說:「這樣也行。」

它們吃了點東西，然後一直等到傍晚，也沒有等到車子的主人。

於是蝦說:「這東西我看是誰忘記了，不如我們把它拉回去吧，那樣我們就可以吃很久了。」

「行，反正我們又不是偷的，可是我們要把它放在誰的家裏呢？」天鵝說。

「放我家好了，你們有空都去我家，我們可以一起吃東西和玩。」鯉魚說。

「我家順路，還是放我家的好。」蝦也說。

「得了吧，你們這樣一說，我才想起來，我的家多方便啊，我是多麼熱情好客。」天鵝說，「你們去我家也是一樣。」

最後它們決定先把車子拉走再說，都紛紛拉起了繩子，三個傢伙一齊負起沉重的擔子，他們鉚足了狠勁，身上青筋暴露，使出了渾身的力氣，可是，無論他們怎樣拖呀、拉呀、推呀，小車還是待在老地方，一步也動不了。

原來，天鵝使勁往天上提，蝦一步步向後倒拖，鯉魚又朝著池塘拉去，它們各自朝三個方向用力，結果車子依舊停在那裏。

管理心得：一個企業團隊有不同才能的人，他們都有為企業奉獻的精神，但是如果企業沒有將他們的才能集中到一處，使企業的力量形成合力，那麼，最後埋怨誰都無濟於事。

心得欄 --

69	如何提高主管執行力	360 元
71	促銷管理（第四版）	360 元
72	傳銷致富	360 元
73	領導人才培訓遊戲	360 元
76	如何打造企業贏利模式	360 元
77	財務查帳技巧	360 元
78	財務經理手冊	360 元
79	財務診斷技巧	360 元
80	內部控制實務	360 元
81	行銷管理制度化	360 元
82	財務管理制度化	360 元
83	人事管理制度化	360 元
84	總務管理制度化	360 元
85	生產管理制度化	360 元
86	企劃管理制度化	360 元
88	電話推銷培訓教材	360 元
90	授權技巧	360 元
91	汽車販賣技巧大公開	360 元
92	督促員工注重細節	360 元
94	人事經理操作手冊	360 元
97	企業收款管理	360 元
98	主管的會議管理手冊	360 元
100	幹部決定執行力	360 元
106	提升領導力培訓遊戲	360 元
112	員工招聘技巧	360 元
113	員工績效考核技巧	360 元
114	職位分析與工作設計	360 元
116	新產品開發與銷售	400 元
122	熱愛工作	360 元
124	客戶無法拒絕的成交技巧	360 元
125	部門經營計劃工作	360 元

127	如何建立企業識別系統	360 元
128	企業如何辭退員工	360 元
129	邁克爾·波特的戰略智慧	360 元
130	如何制定企業經營戰略	360 元
131	會員制行銷技巧	360 元
132	有效解決問題的溝通技巧	360 元
133	總務部門重點工作	360 元
135	成敗關鍵的談判技巧	360 元
137	生產部門、行銷部門績效考核手冊	360 元
138	管理部門績效考核手冊	360 元
139	行銷機能診斷	360 元
140	企業如何節流	360 元
141	責任	360 元
142	企業接棒人	360 元
144	企業的外包操作管理	360 元
145	主管的時間管理	360 元
146	主管階層績效考核手冊	360 元
147	六步打造績效考核體系	360 元
148	六步打造培訓體系	360 元
149	展覽會行銷技巧	360 元
150	企業流程管理技巧	360 元
152	向西點軍校學管理	360 元
153	全面降低企業成本	360 元
154	領導你的成功團隊	360 元
155	頂尖傳銷術	360 元
156	傳銷話術的奧妙	360 元
158	企業經營計劃	360 元
159	各部門年度計劃工作	360 元
160	各部門編制預算工作	360 元

163	只爲成功找方法，不爲失敗找藉口	360 元
167	網路商店管理手冊	360 元
168	生氣不如爭氣	360 元
170	模仿就能成功	350 元
171	行銷部流程規範化管理	360 元
172	生產部流程規範化管理	360 元
173	財務部流程規範化管理	360 元
174	行政部流程規範化管理	360 元
176	每天進步一點點	350 元
177	易經如何運用在經營管理	350 元
178	如何提高市場佔有率	360 元
180	業務員疑難雜症與對策	360 元
181	速度是贏利關鍵	360 元
182	如何改善企業組織績效	360 元
183	如何識別人才	360 元
184	找方法解決問題	360 元
185	不景氣時期，如何降低成本	360 元
186	營業管理疑難雜症與對策	360 元
187	廠商掌握零售賣場的竅門	360 元
188	推銷之神傳世技巧	360 元
189	企業經營案例解析	360 元
191	豐田汽車管理模式	360 元
192	企業執行力（技巧篇）	360 元
193	領導魅力	360 元
194	注重細節（增訂四版）	360 元
197	部門主管手冊（增訂四版）	360 元
198	銷售說服技巧	360 元
199	促銷工具疑難雜症與對策	360 元
200	如何推動目標管理（第三版）	390 元
201	網路行銷技巧	360 元

202	企業併購案例精華	360 元
204	客戶服務部工作流程	360 元
205	總經理如何經營公司（增訂二版）	360 元
206	如何鞏固客戶（增訂二版）	360 元
207	確保新產品開發成功（增訂三版）	360 元
208	經濟大崩潰	360 元
209	鋪貨管理技巧	360 元
210	商業計劃書撰寫實務	360 元
212	客戶抱怨處理手冊（增訂二版）	360 元
214	售後服務處理手冊（增訂三版）	360 元
215	行銷計劃書的撰寫與執行	360 元
216	內部控制實務與案例	360 元
217	透視財務分析內幕	360 元
219	總經理如何管理公司	360 元
222	確保新產品銷售成功	360 元
223	品牌成功關鍵步驟	360 元
224	客戶服務部門績效量化指標	360 元
226	商業網站成功密碼	360 元
227	人力資源部流程規範化管理（增訂二版）	360 元
228	經營分析	360 元
229	產品經理手冊	360 元
230	診斷改善你的企業	360 元
231	經銷商管理手冊（增訂三版）	360 元
232	電子郵件成功技巧	360 元
233	喬・吉拉德銷售成功術	360 元
234	銷售通路管理實務〈增訂二版〉	360 元
235	求職面試一定成功	360 元
236	客戶管理操作實務〈增訂二版〉	360 元

237	總經理如何領導成功團隊	360 元
238	總經理如何熟悉財務控制	360 元
239	總經理如何靈活調動資金	360 元
240	有趣的生活經濟學	360 元
241	業務員經營轄區市場（增訂二版）	360 元
242	搜索引擎行銷	360 元
243	如何推動利潤中心制度（增訂二版）	360 元
244	經營智慧	360 元

《商店叢書》

4	餐飲業操作手冊	390 元
5	店員販賣技巧	360 元
9	店長如何提升業績	360 元
10	賣場管理	360 元
11	連鎖業物流中心實務	360 元
12	餐飲業標準化手冊	360 元
13	服飾店經營技巧	360 元
14	如何架設連鎖總部	360 元
18	店員推銷技巧	360 元
19	小本開店術	360 元
20	365 天賣場節慶促銷	360 元
21	連鎖業特許手冊	360 元
23	店員操作手冊（增訂版）	360 元
25	如何撰寫連鎖業營運手冊	360 元
26	向肯德基學習連鎖經營	350 元
28	店長操作手冊（增訂三版）	360 元
29	店員工作規範	360 元
30	特許連鎖業經營技巧	360 元
32	連鎖店操作手冊（增訂三版）	360 元
33	開店創業手冊〈增訂二版〉	360 元
34	如何開創連鎖體系〈增訂二版〉	360 元
35	商店標準操作流程	360 元
36	商店導購口才專業培訓	360 元
37	速食店操作手冊〈增訂二版〉	360 元

《工廠叢書》

1	生產作業標準流程	380 元
5	品質管理標準流程	380 元
6	企業管理標準化教材	380 元
9	ISO 9000 管理實戰案例	380 元
10	生產管理制度化	360 元
11	ISO 認證必備手冊	380 元
12	生產設備管理	380 元
13	品管員操作手冊	380 元
15	工廠設備維護手冊	380 元
16	品管圈活動指南	380 元
17	品管圈推動實務	380 元
20	如何推動提案制度	380 元
24	六西格瑪管理手冊	380 元
29	如何控制不良品	380 元
30	生產績效診斷與評估	380 元
31	生產訂單管理步驟	380 元
32	如何藉助 IE 提升業績	380 元
34	如何推動 5S 管理（增訂三版）	380 元
35	目視管理案例大全	380 元
36	生產主管操作手冊（增訂三版）	380 元
38	目視管理操作技巧（增訂二版）	380 元
39	如何管理倉庫（增訂四版）	380 元
40	商品管理流程控制（增訂二版）	380 元
42	物料管理控制實務	380 元

43	工廠崗位績效考核實施細則	380 元
46	降低生產成本	380 元
47	物流配送績效管理	380 元
49	6S 管理必備手冊	380 元
50	品管部經理操作規範	380 元
51	透視流程改善技巧	380 元
55	企業標準化的創建與推動	380 元
56	精細化生產管理	380 元
57	品質管制手法〈增訂二版〉	380 元
58	如何改善生產績效〈增訂二版〉	380 元
59	部門績效考核的量化管理〈增訂三版〉	380 元
60	工廠管理標準作業流程	380 元
61	採購管理實務〈增訂三版〉	380 元

《醫學保健叢書》

1	9 週加強免疫能力	320 元
2	維生素如何保護身體	320 元
3	如何克服失眠	320 元
4	美麗肌膚有妙方	320 元
5	減肥瘦身一定成功	360 元
6	輕鬆懷孕手冊	360 元
7	育兒保健手冊	360 元
8	輕鬆坐月子	360 元
9	生男生女有技巧	360 元
10	如何排除體內毒素	360 元
11	排毒養生方法	360 元
12	淨化血液　強化血管	360 元
13	排除體內毒素	360 元
14	排除便秘困擾	360 元
15	維生素保健全書	360 元
16	腎臟病患者的治療與保健	360 元
17	肝病患者的治療與保健	360 元
18	糖尿病患者的治療與保健	360 元
19	高血壓患者的治療與保健	360 元
21	拒絕三高	360 元
22	給老爸老媽的保健全書	360 元
23	如何降低高血壓	360 元
24	如何治療糖尿病	360 元
25	如何降低膽固醇	360 元
26	人體器官使用說明書	360 元
27	這樣喝水最健康	360 元
28	輕鬆排毒方法	360 元
29	中醫養生手冊	360 元
30	孕婦手冊	360 元
31	育兒手冊	360 元
32	幾千年的中醫養生方法	360 元
33	免疫力提升全書	360 元
34	糖尿病治療全書	360 元
35	活到 120 歲的飲食方法	360 元
36	7 天克服便秘	360 元
37	爲長壽做準備	360 元

《幼兒培育叢書》

1	如何培育傑出子女	360 元
2	培育財富子女	360 元
3	如何激發孩子的學習潛能	360 元
4	鼓勵孩子	360 元
5	別溺愛孩子	360 元

6	孩子考第一名	360 元
7	父母要如何與孩子溝通	360 元
8	父母要如何培養孩子的好習慣	360 元
9	父母要如何激發孩子學習潛能	360 元
10	如何讓孩子變得堅強自信	360 元

《成功叢書》

1	猶太富翁經商智慧	360 元
2	致富鑽石法則	360 元
3	發現財富密碼	360 元

《企業傳記叢書》

1	零售巨人沃爾瑪	360 元
2	大型企業失敗啓示錄	360 元
3	企業併購始祖洛克菲勒	360 元
4	透視戴爾經營技巧	360 元
5	亞馬遜網路書店傳奇	360 元
6	動物智慧的企業競爭啓示	320 元
7	CEO 拯救企業	360 元
8	世界首富　宜家王國	360 元
9	航空巨人波音傳奇	360 元
10	傳媒併購大亨	360 元

《智慧叢書》

1	禪的智慧	360 元
2	生活禪	360 元
3	易經的智慧	360 元
4	禪的管理大智慧	360 元
5	改變命運的人生智慧	360 元
6	如何吸取中庸智慧	360 元
7	如何吸取老子智慧	360 元
8	如何吸取易經智慧	360 元

9	經濟大崩潰	360 元
10	有趣的生活經濟學	360 元

《DIY 叢書》

1	居家節約竅門 DIY	360 元
2	愛護汽車 DIY	360 元
3	現代居家風水 DIY	360 元
4	居家收納整理 DIY	360 元
5	廚房竅門 DIY	360 元
6	家庭裝修 DIY	360 元
7	省油大作戰	360 元

《傳銷叢書》

4	傳銷致富	360 元
5	傳銷培訓課程	360 元
7	快速建立傳銷團隊	360 元
9	如何運作傳銷分享會	360 元
10	頂尖傳銷術	360 元
11	傳銷話術的奧妙	360 元
12	現在輪到你成功	350 元
13	鑽石傳銷商培訓手冊	350 元
14	傳銷皇帝的激勵技巧	360 元
15	傳銷皇帝的溝通技巧	360 元
16	傳銷成功技巧（增訂三版）	360 元
17	傳銷領袖	360 元

《財務管理叢書》

1	如何編制部門年度預算	360 元
2	財務查帳技巧	360 元
3	財務經理手冊	360 元
4	財務診斷技巧	360 元
5	內部控制實務	360 元
6	財務管理制度化	360 元

8	財務部流程規範化管理	360 元
9	如何推動利潤中心制度	360 元

《培訓叢書》

4	領導人才培訓遊戲	360 元
8	提升領導力培訓遊戲	360 元
11	培訓師的現場培訓技巧	360 元
12	培訓師的演講技巧	360 元
14	解決問題能力的培訓技巧	360 元
15	戶外培訓活動實施技巧	360 元
16	提升團隊精神的培訓遊戲	360 元
17	針對部門主管的培訓遊戲	360 元
18	培訓師手冊	360 元
19	企業培訓遊戲大全（增訂二版）	360 元
20	銷售部門培訓遊戲	360 元
21	培訓部門經理操作手冊（增訂三版）	360 元

為方便讀者選購，本公司將一部分上述圖書又加以專門分類如下：

《企業制度叢書》

1	行銷管理制度化	360 元
2	財務管理制度化	360 元
3	人事管理制度化	360 元
4	總務管理制度化	360 元
5	生產管理制度化	360 元
6	企劃管理制度化	360 元

《主管叢書》

1	部門主管手冊	360 元
2	總經理行動手冊	360 元
3	營業經理行動手冊	360 元
4	生產主管操作手冊	380 元
5	店長操作手冊（增訂版）	360 元
6	財務經理手冊	360 元
7	人事經理操作手冊	360 元

《總經理叢書》

1	總經理如何經營公司(增訂二版)	360 元
2	總經理如何管理公司	360 元
3	總經理如何領導成功團隊	360 元
4	總經理如何熟悉財務控制	360 元
5	總經理如何靈活調動資金	360 元

《人事管理叢書》

1	人事管理制度化	360 元
2	人事經理操作手冊	360 元
3	員工招聘技巧	360 元
4	員工績效考核技巧	360 元
5	職位分析與工作設計	360 元
6	企業如何辭退員工	360 元
7	總務部門重點工作	360 元
8	如何識別人才	360 元
9	人力資源部流程規範化管理（增訂二版）	360 元

《理財叢書》

1	巴菲特股票投資忠告	360 元
2	受益一生的投資理財	360 元
3	終身理財計劃	360 元
4	如何投資黃金	360 元
5	巴菲特投資必贏技巧	360 元
6	投資基金賺錢方法	360 元
7	索羅斯的基金投資必贏忠告	360 元
8	巴菲特為何投資比亞迪	360 元

《網路行銷叢書》

1	網路商店創業手冊	360 元
2	網路商店管理手冊	360 元
3	網路行銷技巧	360 元
4	商業網站成功密碼	360 元
5	電子郵件成功技巧	360 元
6	搜索引擎行銷	360 元

《經濟叢書》

1	經濟大崩潰	360 元
2	石油戰爭揭秘(即將出版)	

當市場競爭激烈時：

培訓員工，強化員工競爭力
是企業最佳對策

「人才」是企業最大的財富。如何提升人才，是企業永續經營、戰勝對手的核心競爭力。積極培訓公司內部員工，是經濟不景氣時期的最佳戰略，而最快速的具體作法，就是**「建立企業內部圖書館，鼓勵員工多閱讀、多進修專業書籍」**

建議您：請一次購足本公司所出版各種經營管理類圖書，作為貴公司內部員工培訓圖書。（使用率高的，準備多本；使用率低的，只準備一本。）

最暢銷的商店叢書

名稱		說明	特價
1	速食店操作手冊	書	360 元
4	餐飲業操作手冊	書	390 元
5	店員販賣技巧	書	360 元
6	開店創業手冊	書	360 元
8	如何開設網路商店	書	360 元
9	店長如何提升業績	書	360 元
10	賣場管理	書	360 元
11	連鎖業物流中心實務	書	360 元
12	餐飲業標準化手冊	書	360 元
13	服飾店經營技巧	書	360 元
14	如何架設連鎖總部	書	360 元
15	〈新版〉連鎖店操作手冊	書	360 元
16	〈新版〉店長操作手冊	書	360 元
17	〈新版〉店員操作手冊	書	360 元
18	店員推銷技巧	書	360 元
19	小本開店術	書	360 元
20	365 天賣場節慶促銷	書	360 元
21	連鎖業特許手冊	書	360 元
22	店長操作手冊（增訂版）	書	360 元
23	店員操作手冊（增訂版）	書	360 元
24	連鎖店操作手冊（增訂版）	書	360 元
25	如何撰寫連鎖業營運手冊	書	360 元
26	向肯德基學習連鎖經營	書	360 元
27	如何開創連鎖體系	書	360 元
28	店長操作手冊（增訂三版）	書	360 元

回饋讀者，免費贈送**《環球企業內幕報導》**或**《發現幸福》**電子報，請將你的姓名、選擇贈品(二選一)，發 e-mail，告訴我們 huang2838@yahoo.com.tw 即可。

經營顧問叢書 244　　**售價：360 元**

經營智慧

西元二〇一〇年九月　　初版一刷

編著：張宏寶

策劃：麥可國際出版有限公司（新加坡）

編輯：蕭玲

校對：焦俊華

發行人：黃憲仁

發行所：憲業企管顧問有限公司

電話：(02) 2762-2241　(03) 9310960　0930872873

臺北聯絡處：臺北郵政信箱第 36 之 1100 號

銀行 ATM 轉帳：合作金庫銀行　帳號：**5034-717-347447**

郵政劃撥：**18410591**　**憲業企管顧問有限公司**

登記證：行政業新聞局版台業字第 6380 號

ISBN：978-986-6421-71-6